U0658164

机械精度设计与检测课程练习册

刘笃喜　编

西北工业大学出版社

【内容简介】　本书是为西北工业大学出版社出版的《机械精度设计与检测》教材配套的练习册,是"公差与技术测量"课程的学习指导书。

本书由习题与思考题及参考答案、模拟试题及参考答案等板块构成。每章由内容导学和同步练习框架组成,内容导学指出了学习目的和基本要求,强化了知识点及重点、难点和考点。本书的题型多样,题量丰富。

本书既可作为高等学校、网络教育相关专业本、专科学生"公差与技术测量"课程的学习辅导书和课外自学参考书,也可作为授课教师的参考书,还可作为机械设计制造及其自动化、质量控制、测试计量技术及仪器等相关专业的工程技术人员的自学参考资料。

图书在版编目（CIP）数据

机械精度设计与检测课程练习册/刘笃喜编. —西安：西北工业大学出版社，2013.1
　　ISBN 978 - 7 - 5612 - 3588 - 1

　　Ⅰ.①机…　Ⅱ.①刘…　Ⅲ.①机械—精度—设计—高等学校—习题集②机械元件—检测—高等学校—习题集　Ⅳ.①TH122 - 44②TG801 - 44

中国版本图书馆 CIP 数据核字(2013)第 025833 号

出版发行：西北工业大学出版社
通信地址：西安市友谊西路 127 号　　　邮编：710072
电　　话：(029)88493844　88491757
网　　址：www.nwpup.com
印 刷 者：陕西向阳印务有限公司
开　　本：727 mm×960 mm　　1/16
印　　张：10.5
字　　数：175 千字
版　　次：2013 年 1 月第 1 版　　　2013 年 1 月第 1 次印刷
定　　价：19.00 元

前　言

　　为了帮助学生更好地学习和掌握"公差与技术测量"（又称为"互换性与测量技术""几何量公差与检测"）课程的基本内容，巩固所学的基本知识，培养和加强学生在机械精度设计方面的能力，编者根据多年来的教学实践和教学经验，特编写了本练习册。

　　本书由习题与思考题及参考答案、模拟试题及参考答案等板块构成。本书特点如下：

　　（1）为了更加有利于学生课外学习、复习和自我测试，将所学的知识融会贯通，同时为了更加便于授课教师出题，增加了习题类型，并且大幅度扩充了各种题型的题量。

　　（2）在每章增加了学习目的和学习要求，强化了各章的知识点及重点和难点，以便在本课程学习和机械精度设计工程实践中能更好地发挥指导帮助作用。

　　（3）为了使学生更好地适应研究性学习，增加了面向工程应用的习题和思考题的数量。

　　（4）本书全部采用了当前最新的产品几何技术规范（GPS）及公差配合国家标准。本书所有的习题、思考题及其参考答案均采用了最新的概念、术语定义和标注方法。

　　本书注意习题类型和考试题型的对应性，还设计了一些设计型综合应用题，以启迪思路，培养和加强学生分析解决工程实际问题的能力。为了方便学生自我检查，在习题与思考题参考答案中给出了全书所有习题的参考解答。为了帮助学生对本课程知识掌握程度进行自我检验，本书给出了两套模拟试题及参考答案。

　　本书是为高等院校机械类、近机类专业学生学习"公差与技术测量"课程而精心编写的教学辅导书，可以作为本课程的学习、复习以及自我练习和自我测试之用。

　　本书由西北工业大学网络教育学院组织策划，由刘笃喜编写。其内容体系与《机械精度设计与检测》（西北工业大学出版社出版，2012 年）教材相对应，章节安排也与该书相一致，并且采用了该书的绝大部分习题和思考题。

在本书编写过程中，始终得到西北工业大学机电学院有关领导和同事的关心、支持、指导和帮助，参考了大量的教材、课程学习指导、习题集和网上教学资源，硕士研究生庞彬、赵小军承担了本书的全部插图绘制和部分文稿录入校对工作，在此一并表示由衷的感谢。

由于水平所限，加之时间仓促，本书中错误和疏漏之处在所难免，敬请广大读者批评指正。

编　者
2012 年 1 月

目　　录

第一部分
习题与思考题

第1章

绪　　论

内容导学

学习目的和基本要求

通过本章学习,理解和掌握互换性的含义、分类、作用和技术实现措施,正确理解互换性、公差、检测测量、标准化及其有机联系,了解优先数系和优先数的基本概念及其在标准化中的作用,初步建立机械精度设计的基本意识。

主要知识点

(1)互换性的基本概念、种类和作用,实现互换性的技术措施。

(2)标准化的基本概念、地位及作用,技术标准的含义、种类和级别。

(3)优先数及优先数系的概念和工程应用特点。

(4)几何量检测和测量的基本概念。

(5)机械精度、加工误差的基本概念。

(6)机械精度设计的任务、常用方法和原则。

学习重点、难点和考点

(1)互换性的含义、分类、重要作用和技术实现措施。

(2)互换性与公差、标准化、检测技术之间的联系。

(3)机械精度和加工误差的概念。

同步练习

一、填空题

1.按照互换性的程度不同,互换性可分为_____和_____。

2.互换性是指制成的同一规格的一批零件,不作任何_____、

_____ 或 _____，就能进行装配，并能保证满足机械产品的 _____ 一种特性。

3. 互换性的研究对象中的几何参数一般包括 _____、_____、_____ 和 _____ 等。

4. 对于厂际协作，应当采用 _____ 互换，而厂内生产的零部件的装配，则应当采用 _____ 互换。

5. 允许误差的变动量就是 _____。

6. 机械零件的几何量精度通常包括 _____ 精度、_____ 精度、_____ 精度和表面粗糙度。

7. 零件的加工精度是由 _____ 体现的，而误差是由 _____ 控制的。

8. _____ 是在零件加工过程中产生的，而 _____ 则是在机械精度设计时由设计者设计确定的。

9. GB/T321－2005 规定，以 _____ 数列作为优先数系。R10 系列中的优先数，每增加 _____ 个数，则数值增加 10 倍。

10. 机械零件几何参数互换性通过 _____ 来保证，互换性生产的基础是 _____。

11. 在优先数系中，_____ 为基本系列，_____ 为补充系列。R5，R10，R20 和 R40 分别代表公比为 _____、_____、_____ 和 _____。

12. 从零件功能来看，不必将零件的几何量制造得 _____，只要求在某一规定范围内变动即可，此允许的变动范围称为 _____。

二、选择题（从备选项中选择你认为正确的 1 个或多个正确选项）

1. 具有互换性的零件应当是 _____。

A. 相同规格的零件　　　　　　　B. 不同规格的零件

C. 相互配合的零件　　　　　　　D. 形状和尺寸完全相同的零件

2. 保证互换性生产的基础是 _____。

A. 标准化　　B. 现代化生产　　C. 大批量生产　　D. 协作化生产

3. 在优先数系中，R40/5 系列属于 _____。

A. 基本系列　　B. 派生系列　　C. 补充系列　　D. 等差系列

4. 机械精度设计应当遵循的原则有 _____。

A. 互换性原则　　B. 高精度原则　　C. 最优化原则　　D. 经济性原则

E. 标准化原则

5.在我国发布的技术标准中，_____层次最高，_____层次最低。

A.国家标准 B.地方标准 C.企业标准 D.行业标准

6.不完全互换可以采用_____来实现。

A.分组装配法 B.调整法 C.匹配法 D.修配法

7.分组装配法可以_____。

A.减小工件的制造公差 B.扩大工件制造公差

C.提高装配效率 D.方便装配

E.提高工件装配精度

8.关于互换性，论述正确的是_____。

A.互换性是随着大批量生产而产生的

B.互换性既适用于大批量生产，也适用于单件小批量生产

C.不完全互换不会降低产品使用性能，而且经济性好

D.具有互换性的零件，其几何参数应当绝对准确

三、是非判断题（下述说法是否正确，正确的打√，错误的打×）

1.不经选择、调整和修配就能互相替换装配的零部件，就是具有互换性的零部件。 （ ）

2.只要零件不经挑选或修配，便能装配到机器上去，则该零件具有互换性。 （ ）

3.机器制造业中的互换性生产必定是大量或成批生产，但大量或成批生产不一定是互换性生产，小批量生产不一定不是互换性生产。 （ ）

4.不完全互换可以理解为，对于一批零件而言，其中一部分零件具有互换性，而其余部分零件必须经过挑选、调整和修配才具有互换性。 （ ）

5.零件的互换程度越高越好。 （ ）

6.互换性的优越性是显而易见的，但不一定"完全互换"就优于"不完全互换"，甚至不遵循互换性也未必不好。 （ ）

7.虽然现代科学技术很发达，但要把两个尺寸做到完全相同是不可能的。 （ ）

8.用现在最精密的量具可以轻易地得到零件尺寸的真值。 （ ）

9.只要零件不经过挑选或修配，就能方便地装配到机器上，则该零件就必定具有互换性。 （ ）

10.互换性只适用于成批大量生产，单件小批量生产无互换性可言。 （ ）

11. 为了保证互换性,当精度设计时确定的公差值越小越好。　　(　)

12. 为了使机械零件的几何参数具有互换性,必须将零件的加工误差控制在给定的范围之内。　　(　)

13. 互换性要求零件必须具有一定的精度。　　(　)

14. 企业标准的层次低于国家标准,在标准要求上也稍低于国家标准。

(　)

15. 优先数系中的任一个数都是优先数。　　(　)

16. 国家标准分为强制性标准和推荐性标准,强制性标准是必须执行的,而推荐性标准可以执行也可以不执行。

(　)

四、简答题

1. 如何理解互换性?

2. 完全互换和不完全互换有何区别?举例说明分别适用于哪些场合?

3. 广义互换性的定义是什么?

4. 机械产品零部件互换的含义是什么?

5. 在机械制造中,按互换性原则组织生产有哪些优越性?

6. 试列举工业领域或日常生活中几种具有互换性的产品,并分析其优越性。

7. 什么是标准和标准化?我国技术标准分哪几级?

8. 标准化与互换性之间有什么关系?

9. 工程中为什么要采用优先数系和优先数？

10. 下列两种数据各属什么基本系列：
(1)电动机转速：375 r/min,750 r/min,1 500 r/min,3 000 r/min,…
(2)摇臂钻床的最大钻孔直径：25 mm,40 mm,63 mm,80 mm,100 mm, 125 mm。

11. 几何量检测的目的和作用是什么？

12. 什么是加工误差和公差？加工误差一般分为哪几种？

13. 为什么要规定公差？

14. 为什么说检测是实现互换性的重要手段？

15. 机械精度设计的主要任务是什么？机械精度设计应当遵循哪些基本原则？

16. 常用的机械精度设计方法有哪几种？

第 2 章

极 限 与 配 合

内容导学

学习目的和基本要求

尺寸精度设计是机械精度设计的最基本任务,极限与配合是本课程的基础和重点内容之一。通过本章学习,理解并熟练掌握尺寸、公差、偏差、配合的基本概念,重点理解尺寸公差带及尺寸公差带图,牢固掌握极限与配合国家标准的结构构成及其特点,理解一般公差的概念及其公差要求,初步学会尺寸精度设计(即极限与配合的正确合理选用)的基本方法和基本原则。

主要知识点

(1)极限与配合的基本概念:孔,轴,尺寸,尺寸偏差,尺寸公差,孔轴配合。

(2)极限与配合国家标准:配合制(基准制),极限制(标准公差系列、基本偏差系列),国家标准推荐的优先、常用、一般尺寸公差带与优先、常用配合。

(3)标准公差数值表、基本偏差数值表。

(4)一般公差(线性尺寸的未注公差)。

(5)极限与配合的选用:配合制的选择,公差等级的选择,配合的选用。

学习重点、难点和考点

(1)尺寸公差带及其两要素(标准公差、基本偏差),尺寸公差带图。

(2)配合种类与配合性质(配合松紧程度、配合公差)。

(3)配合制以及基孔制、基轴制的概念。

(4)极限与配合选用的基本原则、常用方法及应当考虑的主要因素。

同步练习

一、填空题

1. 基本尺寸的大小是设计时根据零件的使用要求,通过 _____ 、_____ 加以确定,也可通过 _____ 或 _____ 确定。

2. 实际尺寸是指通过 _____ 得到的尺寸。

3. 通过测量获得的某一孔、轴的尺寸称为 _____。由于测量误差的存在,实际尺寸并非尺寸的 _____。

4. 合格零件的实际偏差应控制在 _____ 范围内。

5. 允许尺寸变化的两个界限值分别是 _____ 和 _____,它们是以基本尺寸为基数来确定的。

6. 最大极限尺寸减去其基本尺寸所得的代数差称为 _____。

7. 零件的实际偏差位于 _____ 和 _____ 之间,则零件尺寸合格。

8. 零件的尺寸合格时,其实际尺寸在 _____ 和 _____ 之间,其 _____ 在上偏差和下偏差之间。

9. 尺寸公差带的位置由 _____ 决定,尺寸公差带的大小由 _____ 决定。

10. 标准公差共有 _____ 个等级,其中 _____ 精度最高, _____ 精度最低。

11. P6,P7,P8 的基本偏差为 _____ 偏差,其数值 _____ 同。

12. 基本偏差中,"H"的基本偏差为 _____ 偏差,其值为 _____。

13. 原则上,基本偏差与公差等级 _____,但也有少数的基本偏差对不同的公差等级使用 _____ 的数值。

14. 配合是指 _____ 相同,相互结合的孔和轴公差带之间的位置关系。

15. 某孔轴配合的最大过盈为 34 μm,配合公差为 24 μm,则该结合为 _____ 配合。

16. _____ 用于确定尺寸公差带位置, _____ 用于确定尺寸公差带大小。

17. 最大间隙和最小间隙统称为 _____ 间隙,最大间隙是指 _____ 配合或 _____ 配合中处于最松状态时的间隙,最小间隙是指间隙配合中处于 _____ 状态时的间隙。

18. 尺寸公差带是由大小和位置两个因素构成的,其中大小因素是由_____来确定的;而位置要素是由_____来确定的。

19. 标准公差等级是用以确定尺寸的_____的,它分为_____级。

20. 极限配合国家标准中对组成配合的原则规定了两种配合制,即_____和_____。

21. 基孔制就是_____的公差带位置保持不变,通过改变_____的公差带的位置,实现不同性质配合的一种制度。

22. 基孔制中的孔称为_____。其基本偏差为_____偏差,代号为_____,数值为_____;其另一极限偏差为_____偏差。

23. 基轴制就是_____的公差带位置保持不变,通过改变_____的公差带的位置,实现不同性质的配合的一种制度。

24. $\phi50_{-0.050}^{~~0}$ mm 的上偏差为_____ mm,下偏差为_____ mm。基本偏差为_____ mm,公差为_____ mm。

25. $\phi45_{0}^{+0.039}$ mm 的孔与 $\phi45_{0}^{+0.034}$ mm 的轴组成_____制_____配合。

26. 配合制有_____和_____两种。一般情况下,应优先选用_____。如滚动轴承的外圈与外壳孔配合,可以采用的是_____。

27. 基本偏差一般为_____零线的那个偏差。国标规定的标准公差和基本偏差的数值,均以标准温度_____时的数值为准。

28. js 和 JS 的基本偏差为_____或_____。因为它们的公差带对称分布在_____的两侧,它们的基本偏差都等于_____。

29. $\phi16H11$ 表示基本尺寸是_____,基本偏差代号是_____,公差等级是_____,公差带代号是_____。

30. 公差与配合的选用包括_____的确定、_____的选用和_____的选用。

31. 对于有相对运动的机构,应选用_____配合;对不加紧固件,但要求传递较大转矩的连接,应选用_____配合。

32. _____反映组成机器的零件之间的关系,_____主要反映机器零件使用要求与制造要求之间的矛盾。

33. 当孔(轴)的最大极限尺寸等于基本尺寸时,_____偏差为零;当孔(轴)的实际尺寸等于基本尺寸时,_____偏差为零。

34. 已知某基准孔的公差为 0.033 mm,则其上偏差为_____ mm,

下偏差为_____mm。

35. 某基孔制配合,已知其最小间隙为+0.025 mm,则轴的上偏差为_____mm。

36. 从加工制造角度来看,基本尺寸相同的零件,公差值越_____,则加工就越_____。

37. 一般加工情况下,车削加工能够达到的经济的公差等级范围为_____,平面磨削加工能够达到的经济的公差等级范围为_____,钻削加工能够达到的经济的公差等级范围为_____。

38. 国家标准对一般公差规定的公差等级为_____。一般公差适用于金属切削加工的_____尺寸,也适用于一般的_____尺寸。

39. 要求准确定位时,通常应当选择_____配合。

40. 从加工角度来看,尺寸公差反映尺寸_____精度即加工的_____,而_____用于判断零件尺寸_____;从所起的作用来看,极限偏差用于控制_____,影响配合的_____,而公差则影响孔轴配合的_____。

二、选择题(从备选项中选择你认为正确的一个或多个正确选项。)

1. 以下各组配合中,配合性质相同的有_____。
   A. φ30H7/f6 和 φ30H8/p7　　　　B. φ30P8/h7 和 φ30H8/p7
   C. φ30M8/h7 和 φ30H8/m7　　　　D. φ30H8/m7 和 φ30H7/f6
   E. φ30H7/f6 和 φ30F7/h6

2. 下列配合代号中选用正确的有_____。
   A. φ50H7/r6　　B. φ50H8/k7　　C. φ50h7/D8　　　D. φ50H9/f9
   E. φ50H8/f7

3. 下列孔、轴配合中选用不当的有_____。
   A. φ100H8/u8　B. φ100H6/g5　　C. φ100G6/h7　　D. φ100H5/a5
   E. φ100H5/u5

4. 实际偏差是_____。
   A. 设计时给定的
   B. 直接测量得到的
   C. 通过测量、计算得到的
   D. 最大极限尺寸与最小极限尺寸之代数差

5. 工件加工所测量的尺寸与规定不一致时其差值就是_____。

A. 尺寸公差　　　B. 尺寸偏差　　　　C. 尺寸误差　　　　D. 实际偏差

6. 标准公差值与_____有关。

A. 基本尺寸和公差等级　　　　　B. 基本尺寸和基本偏差

C. 公差等级和配合性质　　　　　D. 基本偏差和配合性质

7. 比较相同尺寸的精度，取决于_____。

A. 偏差值的大　　　　　　　　　B. 公差值的大小

C. 基本偏差值的大小　　　　　　D. 配合公差值的大小

8. 配合是指_____相同的孔与轴的结合。

A. 基本尺寸　　　B. 实际尺寸　　　C. 作用尺寸　　　　D. 实效尺寸

9. 比较不同尺寸的精度，取决于_____。

A. 公差值的大小　　　　　　　　B. 公差单位数的大小

C. 公差等级系数的大小　　　　　D. 基本偏差值的大小

10. 相互结合的孔和轴的精度决定了_____。

A. 配合精度的高低　　　　B. 配合的松紧程度　　　　C. 配合的性质

11. 尺寸公差带由_____确定。

A. 公差带大小　　B. 公差带极限　　C. 公差带形状　　D. 公差带方向

E. 公差带位置

12. 有一零件标注为 $\phi10cd7$，其中 cd7 表示_____。

A. 孔公差代号　　B. 配合公差代号　　C. 轴公差代号　　D. 基本偏差代号

13. 下列配合中，配合精度最高的是_____。

A. $\phi30H7/g6$　　B. $\phi30H8/g7$　　　C. $\phi30H7/u7$　　D. $\phi100H8/g7$

14. 以下哪些说法是错误的？_____。

A. 极限偏差中，上偏差一定大于下偏差

B. 过渡配合时，孔的实际尺寸一定大于轴的实际尺寸

C. 过盈配合时，孔的实际尺寸一定小于轴的实际尺寸

D. 公差恒为绝对值

15. 若某孔轴配合，最大间隙为 $30~\mu m$，孔的下偏差为 $-11~\mu m$，轴的下偏差为 $-16~\mu m$，轴的公差为 $16~\mu m$，则其配合公差为_____。

A. $27\mu m$　　　　B. $14~\mu m$　　　　C. $46~\mu m$　　　　D. $41~\mu m$

16. 基孔制是指基本偏差为一定的孔的公差带，与不同_____的轴的公差带形成各种配合的一种制度。

A. 基本尺寸　　B. 基本偏差　　　C. 实际偏差　　　　D. 偏差

17. 对于孔，A～H 的基本偏差是_____。

  A. EI   B. ES   C. ei   D. es

18._____是表示过渡配合松紧变化程度的特征值,设计时应根据零件的使用要求来规定这两个极限值。

  A. 最大过盈和最小间隙   B. 最大间隙和最小过盈

  C. 最大间隙和最大过盈   D. 间隙和过盈

19. 极限与配合 GB 规定,标准公差共有_____个公差等级。

  A. 13   B. 20   C. 28   D. 18

20. 相互结合的孔和轴的精度决定了_____。

  A. 配合公差带   B. 配合的松紧程度

  C. 配合的性质   D. 配合精度的高低

21. 配合是指_____相同的孔与轴的结合。

  A. 基本尺寸 B. 实际尺寸 C. 作用尺寸 D. 实体实效尺寸

22. 为了得到基轴制配合,相配合孔、轴的加工顺序应该是_____。

  A. 先加工孔,后加工轴   B. 先加工轴,后加工孔

  C. 孔和轴同时加工   D. 与孔轴加工顺序无关

23. 当相配孔、轴既要求对准中心,又要求装拆方便时,应选用_____。

  A. 间隙配合   B. 过盈配合

  C. 过渡配合   D. 间隙配合或过渡配合

24. 某对孔轴配合,若轴的尺寸合格,孔的尺寸不合格,则装配以后的结合_____。

  A. 是合用的,孔、轴均有互换性

  B. 可能是合用的,轴有互换性,孔无互换性

  C. 是合用的,孔、轴均无互换性

  D. 可能是合用的,孔、轴均无互换性

25. $\phi65H7/j6$ 属于_____配合。

  A. 过渡配合 B. 间隙配合 C. 过盈配合 D. 无法确定

26. $\phi80.030$ mm 孔与 $\phi80.015$ mm 轴的配合可能属于_____配合。

  A. 间隙配合 B. 过盈配合 C. 过渡配合 D. 无法确定

27. 下列配合应当选用基轴制的有_____。

  A. 滚动轴承外圈与壳体孔的配合

  B. 滚动轴承内圈与轴颈的配合

  C. 轴为冷拉圆钢,不需要再加工

D. 同一个轴与多个孔相配合,且配合性质要求不同

28. 配合就是指_____。

A. 相互结合的孔、轴的尺寸公差带之间的关系

B. 基本尺寸相同的相互结合的孔、轴的几何公差带之间的关系

C. 基本尺寸相同的相互结合的孔、轴的尺寸公差带之间的关系

D. 基本尺寸相同的相互结合的孔、轴的尺寸公差等级之间的关系

29. 相互配合的孔、轴,某一实际孔与某一实际轴装配后得到间隙,则该孔、轴配合_____。

A. 一定为过渡配合　　　　　　B. 一定为间隙配合

C. 一定为过盈配合　　　　　　D. 无法确定

E. 可能为间隙配合,也有可能为过渡配合

30. 以下基本尺寸均为 80 mm 的四组孔、轴公差带代号,基本偏差相同的是_____。

A. R7,R8　　　B. r7,r8　　　C. c8,c9　　　D. C8,C9

31. $\phi25f7,\phi25f8$ 的_____。

A. 上偏差相同,下偏差不同　　B. 上、下偏差均相同

C. 上、下偏差各不相同　　　　D. 上偏差不同,下偏差相同

32. 与 $\phi25G7$ 公差带的大小相同的尺寸公差带为_____。

A. $\phi25g6$　　B. $\phi25h7$　　C. $\phi25H6$　　D. $\phi25H7$

33. 当孔、轴为固定连接时,孔、轴配合可以选择_____。

A. 间隙配合　　　　　　　　　B. 过渡配合

C. 过盈配合　　　　　　　　　D. 必须选择过盈配合

34. 某孔、轴配合,要求相对静止,定心精度较高,便于拆卸,则配合应当选择_____。

A. M/h　　　B. T/h　　　C. G/h　　　D. D/h　　　E. H/m

35. 孔、轴配合的松紧程度取决于孔、轴的_____。

A. 基本尺寸　　B. 实际尺寸　　C. 尺寸公差　　D. 基本偏差

36. 零件尺寸合格性的判断条件是_____。

A. 最小极限尺寸≤基本尺寸≤最大极限尺寸

B. 最小极限尺寸≤实际尺寸≤最大极限尺寸

C. 上验收极限尺寸≤实际尺寸≤下验收极限尺寸

D. 下偏差≤基本偏差≤上偏差

E. 下偏差≤实际偏差≤上偏差

F. 实际偏差在尺寸公差范围内

37. 下列配合中,_____配合程度最紧,_____配合程度最松。

A. $\phi 25H7/f6$ B. $\phi 25JS7/h6$ C. $\phi 25H7/p6$ D. $\phi 25H7/h6$

E. $\phi 25H/7m6$

38. 零件的基本尺寸是通过_____得到的。

A. 设计时给定的   B. 测量得到的

C. 加工后得到的   D. 装配后得到的

39. 基本尺寸一定时,反映零件加工制造难易程度的指标是_____。

A. 公差   B. 偏差   C. 误差   D. 基本偏差

40. 某孔轴配合,完工后经检验合格的某一实际孔与某一实际轴装配之后存在过盈,则该配合_____。

A. 一定为间隙配合   B. 一定为过渡配合   C. 一定为过盈配合

D. 可能为过盈配合,也可能为过渡配合

三、是非判断题(下述说法是否正确,正确的打√,错误的打×)

1. 轴是指圆柱形的外表面,不包括其他非圆柱形的外表面。   (   )

2. 国家标准规定,孔只是指圆柱形的内表面。   (   )

3. 因为基本尺寸是设计给定的尺寸,所以,工件的实际尺寸越接近于基本尺寸越好。   (   )

4. 零件在制造过程中,不可能准确地加工成基本尺寸。   (   )

5. 图样标注为 $\phi 20_{-0.021}^{\ 0}$ mm 的轴,加工得愈靠近基本尺寸就愈精确。

        (   )

6. 实际尺寸就是真实的尺寸,简称为真值。   (   )

7. 实际尺寸是客观存在的,它就是真值。   (   )

8. 某一零件的实际尺寸正好等于其基本尺寸,则此尺寸必然合格。

        (   )

9. 某孔要求尺寸为 $\phi 20_{-0.067}^{-0.046}$ mm,今测得其实际尺寸为 $\phi 19.962$ mm,则该孔合格。   (   )

10. 尺寸偏差可为正、负或零值,而尺寸公差为正值。   (   )

11. 极限偏差和实际偏差可以为正值、负值或零。   (   )

12. 偏差可以为零,同一个基本尺寸的两个极限偏差也可以同时为零。

        (   )

13. 一批零件加工后的实际尺寸最大为 20.021 mm,最小为 19.985 mm,

由此可知该零件的上偏差为是＋0.021 mm,下偏差为是－0.015 mm。

（　　）

14. 某一孔或轴的直径正好加工到基本尺寸,则此孔或轴必然是合格件。

（　　）

15. 按同一图样加工一批孔后测量它们的实际尺寸。其中,最小的实际尺寸为 $\phi 50.010$mm,最大的实际尺寸为 $\phi 50.025$ mm,则该孔实际尺寸的允许变动范围可表示为 $\phi 50^{+0.025}_{+0.010}$ mm。 （　　）

16. 不论公差数值是否相等,只要公差等级相同,尺寸的精确程度就相同。

（　　）

17. 公差只可能是正值,不可能是负值或零。 （　　）

18. 尺寸公差可为正值或零值。 （　　）

19. 公差可以说是允许零件尺寸的最大偏差。 （　　）

20. 基本尺寸不同的零件,只要它们的公差值相同,就可以说明它们的精度要求相同。 （　　）

21. 尺寸公差等级的高低,影响尺寸公差带的大小,决定配合的精度。

（　　）

22. 尺寸公差值愈大,说明该尺寸与其基本尺寸相差愈大。 （　　）

23. 相互结合的孔与轴,其公差数值必须相等。 （　　）

24. 基本偏差用于决定尺寸公差带的位置。 （　　）

25. 基本偏差为 a～h 的轴与基准孔 H 构成间隙配合,其中,h 配合的间隙最大。 （　　）

26. 基准孔 H 的上偏差大于零。 （　　）

27. 当孔的实际尺寸小于轴的实际尺寸时,将它们装配在一起,就形成过盈配合。 （　　）

28. 某一对孔、轴结合的实际间隙为＋0.003 mm,则此孔、轴组成的配合一定是间隙配合。 （　　）

29. 在间隙配合中,孔的公差带一定在零线以上,轴的公差带一定在零线以下。 （　　）

30. 过渡配合可能有间隙也可能有过盈,因此,过渡配合可能是间隙配合也可能是过盈配合。 （　　）

31. 配合 $\phi 80H7/g6$ 比 $\phi 80H7/s6$ 要紧。 （　　）

32. 最小间隙为零的配合与最小过盈等于零的配合,两者实质相同。

（　　）

33. 有相对运动的配合应选用间隙配合,无相对运动的配合均选用过盈配合。　　　　　　　　　　　　　　　　　　　　　　　　　　（　　）

34. 配合公差越大,则配合越松。　　　　　　　　　　　　　　（　　）

35. 配合公差的大小,等于相配合的孔轴公差之和。　　　　　　（　　）

36. 实测某一对基本尺寸相同的孔轴配合,若此孔的实际尺寸大于此轴的实际尺寸,则此配合只能是间隙配合。　　　　　　　　　　　　（　　）

37. 实际尺寸较大的孔与实际尺寸较小的轴相装配,就形成间隙配合。

　　　　　　　　　　　　　　　　　　　　　　　　　　　　（　　）

38. 零件的尺寸精度越高,则其配合间隙越小。　　　　　　　　（　　）

39. $\phi100H6/h5$ 与 $\phi100H8/h9$ 配合的最小间隙相同,最大间隙不同。

　　　　　　　　　　　　　　　　　　　　　　　　　　　　（　　）

40. 基本偏差 A～H 与基准轴 h 构成间隙配合,其中 A 配合最松。

　　　　　　　　　　　　　　　　　　　　　　　　　　　　（　　）

41. 相互配合的轴与孔的加工精度越高,则其配合精度也越高。　（　　）

42. 配合公差的数值愈小,则相互配合的孔、轴的公差等级愈高。（　　）

43. 未注公差尺寸即对该尺寸无公差要求。　　　　　　　　　　（　　）

44. 所谓自由尺寸,又称未注公差尺寸,一般情况下没有公差要求。

　　　　　　　　　　　　　　　　　　　　　　　　　　　　（　　）

45. 为了得到基轴制的配合,不一定要先加工轴,也可以先加工孔。

　　　　　　　　　　　　　　　　　　　　　　　　　　　　（　　）

46. 基孔制配合对孔的精度要求高,基轴制配合对轴的精度要求高。

　　　　　　　　　　　　　　　　　　　　　　　　　　　　（　　）

47. 从加工制造角度讲,基孔制的特点就是先加工孔,基轴制的特点就是先加工轴。　　　　　　　　　　　　　　　　　　　　　　　　（　　）

48. 优先选用基孔制是因为孔比轴难加工,所以应当先加工孔,后加工轴。

　　　　　　　　　　　　　　　　　　　　　　　　　　　　（　　）

49. 在满足使用要求的前提下,应尽量选用低的公差等级。　　　（　　）

50. 间隙配合不能应用于孔与轴相对固定的连接中。　　　　　　（　　）

51. 工作时孔温高于轴温,设计时配合的过盈量应加大。　　　　（　　）

52. 有相对运动的配合应选用间隙配合,无相对运动的配合均选用过盈配合。　　　　　　　　　　　　　　　　　　　　　　　　　　　（　　）

53. 装配精度高的配合,若为过渡配合,其最大间隙值应减小;若为间隙配合,其最大间隙值应增大。　　　　　　　　　　　　　　　　　（　　）

54. 尺寸公差通常为正值,但是在个别情况下也可以为零或负值。(　　)

55. 轴 $\phi 10_{-0.015}^{0}$ mm 和轴 $\phi 80_{-0.015}^{0}$ mm 的公差大小相等,故两者的公差等级也相同。(　　)

56. 公差值大的孔要比公差值小的孔的精度低。(　　)

57. 零件的实际尺寸越接近其基本尺寸,则其精度越高。(　　)

58. 三种孔公差带 $\phi 30E6$,$\phi 30E7$,$\phi 30E8$ 的下偏差相同,而上偏差不相同。(　　)

59. 某一孔的尺寸正好加工到公称尺寸(即基本尺寸),则该孔必然合格。
(　　)

60. 两根轴的尺寸公差要求分别为 $\phi 20_{-0.021}^{0}$ mm 和 $\phi 80_{-0.021}^{0}$ mm,两者的上、下偏差相等,则两者的公差值相等,公差等级相同。(　　)

61. 如果零件的实际(尺寸)偏差小于其尺寸公差,则该尺寸符合要求。
(　　)

62. $\phi 100H6$ 与 $\phi 100H8$ 的公差等级不同,所以两者的基本偏差数值不相等。(　　)

63. 只要孔、轴装配在一起,就形成配合。(　　)

64. 当选用极限与配合时,必须选用优先配合及常用配合。(　　)

65. 配合公差的数值总是大于相互配合的孔或轴的尺寸公差。(　　)

66. 配合公差的数值越小越好。(　　)

67. 极限与配合的选择结果具有唯一正确解。(　　)

68. 过渡配合的最小间隙和最小过盈在数值上是相等的。(　　)

四、简答题

1. 在《极限与配合》国家标准中,孔与轴有何特定的含义?

2. 基本尺寸、极限尺寸和实际尺寸有什么联系和区别?

3. 实际偏差与极限偏差有什么联系和区别?

4. 什么是尺寸公差? 它与极限尺寸、极限偏差有何关系?

5.公差与偏差有何根本区别？

6.为什么要规定基本偏差？基本偏差数值与标准公差等级是否有关？

7.配合的性质由什么来决定？

8.规定配合制有什么意义？如何选择配合制？

五、设计计算题

1.设基本尺寸为 $\phi30$ mm 的 N7 孔和 m6 的轴相配合,试计算极限间隙(或过盈)及配合公差。

2.设某配合的孔径为 $\phi45^{+0.142}_{+0.080}$ mm,轴径为 $\phi45^{0}_{-0.039}$ mm,试分别计算孔、轴的极限偏差、尺寸公差;孔、轴配合的极限间隙(或过盈)及配合公差,并画出其尺寸公差带图及配合公差带图。

3.有一批孔、轴配合,基本尺寸为 $\phi60$ mm,要求最大间隙为 $S_{max}=+40$ μm,孔公差 $T_D=30$ μm。轴公差 $T_d=20$ μm。试确定孔、轴的极限偏差,并画出其尺寸公差带图。

4.若已知某孔轴配合的基本尺寸为 $\phi30$ mm,要求最大间隙为 $S_{max}=+23$ μm,最大过盈为 $\delta_{max}=-10$ μm,已知孔的尺寸公差为 $T_D=20\mu$m,轴的上偏差为 es$=0$,试确定孔、轴的极限偏差,并画出其尺寸公差带图。

5. 某孔、轴配合,已知轴的尺寸公差要求为 $\phi10h8$,$S_{max} = +0.007$ mm,$\delta_{max} = -0.037$ mm,试计算孔的尺寸公差及极限偏差,画出孔、轴的尺寸公差带图,并说明该配合是什么基准制,什么配合类别。

6. 已知表 1-2-1 中的配合,试将查表和计算结果填入表中。

表 1-2-1　习题 6 表　　　　　　　　　　　　　　　　mm

公差带	基本偏差	标准公差	极限盈隙	配合公差	配合类别
$\phi80S7$					
$\phi80h6$					

7. 计算出表 1-2-2 空格中的数值,并按规定填写在表中。

表 1-2-2　习题 7 表　　　　　　　　　　　　　　　　mm

基本尺寸	孔			轴			S_{max} 或 δ_{min}	S_{min} 或 δ_{max}	T_f
	ES	EI	T_D	es	ei	T_d			
$\phi45$			0.025	0				-0.050	0.041

8. 指出表 1-2-3 中三对配合的异同点。

表 1-2-3　习题 8 表　　　　　　　　　　　　　　　　mm

组别	孔公差带	轴公差带	相同点	不同点
①	$\phi 20^{+0.021}_{0}$	$\phi 20^{+0.020}_{-0.033}$		
②	$\phi 20^{+0.021}_{0}$	$\phi20\pm0.065$		
③	$\phi 20^{+0.021}_{0}$	$\phi 20^{0}_{-0.013}$		

9. 已知基本尺寸为 $\phi25$ mm,基孔制的孔轴同级配合,$T_f = 0.066$ mm,$\delta_{max} = -0.081$ mm,求孔、轴的上、下偏差,画出其尺寸公差带图,并说明该配合是何种配合类型。

10. 某一基本尺寸为 $\phi 45$ mm 的孔、轴配合,要求 $S_{max} = +120\ \mu m$,$S_{min} = +50\ \mu m$,试确定基准制、公差等级及其配合。

11. 某基本尺寸为 $\phi 40$ mm 的孔、轴配合,配合允许 $S_{max} = +0.028$ mm,$\delta_{max} = -0.024$ mm,试确定其公差配合代号。

12. 设计基本尺寸为 50 mm 的孔轴配合,要求装配后的间隙在 $+8 \sim +51\ \mu m$ 范围内,确定合适的配合代号,并绘出尺寸公差带图。

13. 一对基轴制的同级配合,基本尺寸为 $\phi 25$ mm,按设计要求配合的间隙应在 $0 \sim 66\ \mu m$ 范围内变动,试确定孔、轴公差,确定公差配合代号,并绘制尺寸公差带图。

14. 基本尺寸为 $\phi 30$ mm 的 N7 孔和 m6 轴相配合,已知 N 和 m 的基本偏差分别为 $-7\ \mu m$ 和 $+8\ \mu m$,IT7 $= 21\ \mu m$,IT6 $= 13\ \mu m$,试计算极限间隙(或过盈)及配合公差,并绘制孔、轴的尺寸公差带图,说明它是属于何种配合类型的。

15. 某基轴制配合,孔的下偏差为 $-11\ \mu m$,轴公差为 16 μm,最大间隙为 30 μm,试确定配合公差。

16. 孔、轴基本尺寸为 $\phi50$ mm，es＝0，$T_D＝20$ μm，最大过盈为-65 μm，最小过盈为-35 μm，求孔、轴的极限偏差与配合公差，并画出尺寸公差带图。

17. 孔、轴基本尺寸为 $\phi45$ mm，es＝0，$T_d＝20$ μm，最大过盈为-50 μm，最小过盈为-15 μm，求孔、轴的极限偏差与配合公差，并画出尺寸公差带图。

18. 按 $\phi30k6$ 加工一批轴，加工完毕后测量每根轴的实际尺寸，其中最大的实际尺寸为 $\phi30.015$ mm，最小的实际尺寸为 $\phi30.001$ mm。试问这批轴是否全部合格？为什么？这批轴的尺寸误差是多少？

19. 已知某基本尺寸为 $\phi100$ mm 的孔、轴配合，工作时无相对运动且需承受一定的轴向力，考虑工作要求及材料许用应力限制，要求过盈控制在$-0.035\sim-0.095$ mm 之间，试确定其尺寸精度及配合，给出配合代号。

20. 已知两根轴，其中一根轴的直径为 $\phi16$mm，尺寸公差值为 11 μm，另一根轴的直径为 $\phi120$ mm，尺寸公差值为 15 μm，试比较两根轴的加工难易程度。

21. 已知某轴的基本尺寸为 $\phi20$ mm，尺寸公差值为 21 μm，上偏差为 es＝-20 μm。若用光学比较仪在轴的不同位置上，测得其局部实际尺寸分别为 19.965,19.957,19.964,19.974,19.956 mm,试判断此轴是否合格,为什么?并绘制出轴的尺寸公差带图。

22. 已知 $\phi 90\text{H}7(^{+0.35}_{0})/\text{n}6(^{+0.045}_{+0.023})$,计算 $\phi 90\text{H}6$,$\phi 90\text{Js}6$,$\phi 90\text{N}7$,$\phi 90\text{h}7$,$\phi 90\text{h}6$,$\phi 90\text{js}7$ 的极限偏差。

第 3 章

几何公差

学习目的和基本要求

几何公差(几何精度)设计是机械精度设计的最基本任务,同时也是本课程的基础和重点内容之一。几何公差比尺寸公差要更加复杂。通过本章学习,熟练掌握几何公差的项目及其特征符号,结合具体特征项目正确地理解形状公差带、方向公差带、位置公差带和跳动公差带(包括公差带的大小、形状、方向和位置),熟练掌握几何公差的基本标注方法,理解几何误差的检测评定方法,理解最小包容区域与几何公差带之间的区别和联系,理解和掌握机械精度设计时处理几何公差与尺寸公差之间关系的公差原则,初步学会几何公差的正确合理选用。

主要知识点

(1)几何误差、几何公差的基本概念。

(2)几何公差的研究对象(几何要素),几何公差的特征项目和代号。

(3)几何公差的基本标注方法及注意事项。

(4)几何公差带。

(5)几何误差的检测评定方法:最小条件和最小区域,几何误差检测规定和检测原则。

(6)作用尺寸、实体尺寸、实体实效尺寸。

(7)公差原则与公差要求(几何公差与尺寸公差之间的关系)。

(8)几何公差的设计与选用:几何公差项目的选择,公差原则的选用,几何公差等级的确定,几何公差要求的标注。

学习重点、难点和考点

(1)几何公差的特征项目。

(2)几何公差带四要素(形状、大小、方向、位置)。

(3)几何公差的基本标注方法。

(4)几何误差检测评定的最小条件和最小区域。

(5)基准的含义和种类,基准的建立及体现方法。

(6)作用尺寸(体内作用尺寸、体外作用尺寸),实体尺寸(最大实体尺寸、最小实体尺寸),实体实效尺寸(最大实体实效尺寸、最小实体实效尺寸)。

(7)公差原则与公差要求:标注特征,含义,理想边界及边界尺寸,合格条件,典型应用场合。

同步练习

一、填空题

1.圆柱(锥)面、平(曲)面、直(曲)线等称为_____要素;轴线、中心线、中心平面等称为_____要素。

2.形状公差一般用于_____要素,而方向公差、位置公差和跳动公差一般用于_____要素。

3.位置公差分为_____、_____、_____、_____和_____。

4.几何公差带是限制_____变动的区域,由大小、_____、方向和_____构成。

5.圆度的公差带形状是_____,圆柱度的公差带形状是_____。

6.径向圆跳动在生产中常用它来代替轴类或箱体零件上的同轴度公差要求,其使用前提是_____。

7.图样上规定键槽对轴的对称度公差为 0.05 mm,则该键槽中心偏离轴的轴线距离不得大于_____ mm。

8.径向圆跳动公差带与圆度公差带的_____相同,但是前者公差带同心圆环的圆心位置是_____的,而后者公差带同心圆环的圆心位置是_____的。

9.径向圆跳动公差带的形状是_____,它与_____公差带的形状相同。

10. 几何公差与尺寸公差之间的关系当采用包容要求时,遵守_____边界,此时可以用_____公差来控制_____误差。

11. 端面全跳动公差带可以控制端面对基准轴线的_____误差,同时还可以控制端面的_____误差。

12. 当按包容要求或最大实体要求采用量规检验工件时,只能判断工件是否合格,而不能得到工件的_____和_____的数值。

13. 轴的体外作用尺寸总是_____轴的实际尺寸,而孔的体外作用尺寸总是_____孔的实际尺寸。

14. 在几何误差检测中,常用_____来体现基准。工程实践中,基准平面、轴的基准轴线、孔的基准轴线通常分别用_____、_____和_____来模拟。

15. 包容要求遵守_____边界,最大实体要求遵守_____边界。

16. 当几何公差与尺寸公差之间的关系遵守独立原则时,被测要素的尺寸公差只能控制其_____,而不能控制其_____。

17. 径向圆跳动误差可以反映被测要素的_____误差和_____误差。

18. 理论正确尺寸用于确定被测要素的理论正确_____,在图样上标注时,应当在理论正确尺寸数字外面加上_____。

19. 最大实体要求既可以用于_____要素,也可以用于_____要素。

20. 在确定几何公差数值时,对同一被测要素,其形状公差、方向公差和位置公差之间的关系应当符合_____。

二、选择题(从备选项中选择你认为正确的一个或多个正确选项)

1. 下列几何公差带形状相同的为_____。

A. 轴线对轴线的平行度公差,面对面的平行度公差

B. 径向圆跳动,圆度公差

C. 轴线的直线度公差,导轨的直线度公差

D. 同轴度公差,径向全跳动

2. 下列几何公差带形状相同的有_____。

A. 轴线对轴线的平行度与面对面的平行度

B. 同轴度与径向全跳动

C. 径向圆跳动与圆度

D. 轴线对面的垂直度与轴线对面的倾斜度

E. 轴线的直线度与导轨的直线度

3. 下列几何公差项目中,属于形状公差的有_____。

A. 圆柱度　　　　B. 平面度　　　　　C. 同轴度　　　　D. 圆跳动

E. 平行度

4. 下列几何公差项目中,_____属于国家标准规定的形状公差项目。

A. 平面度　　　B. 圆度　　　　C. 垂直度　　　　D. 圆柱度

E. 圆跳动

5. 下列几何公差项目中,属于方向公差和位置公差的有_____。

A. 圆柱度　　　B. 位置度　　　C. 圆跳动　　　　D. 轴线的直线度

E. //

6. 图样上符号⊥是_____公差项目,被称为_____。

A. 方向,垂直度　　　　　　　B. 形状,直线度

C. 尺寸,偏差　　　　　　　　D. 形状,圆柱度

7. 平行度属于_____。

A. 尺寸公差　　B. 形状公差　　　C. 位置公差　　　D. 方向公差

8. 同轴度公差属于_____。

A. 形状公差　　B. 位置公差　　　C. 几何公差　　　D. 方向公差

E. 跳动公差

9. 对于径向全跳动公差,下列论述正确的有_____。

A. 属于形状公差　　　　　　B. 属于位置公差

C. 属于跳动公差　　　　　　D. 与同轴度公差带形状相同

E. 当径向全跳动误差不超差时,圆柱度误差肯定也不超差

10. 对于端面全跳动公差,下列论述正确的有_____。

A. 属于形状公差　　　B. 属于位置公差　　　C. 属于跳动公差

D. 与端面对轴线的垂直度公差带形状相同

E. 与平行度控制效果相同

11. 最大实体尺寸是指_____。

A. 孔的最小极限尺寸和轴的最大极限尺寸

B. 孔的最大极限尺寸和轴的最小极限尺寸

C. 孔和轴的最大极限尺寸

D. 孔和轴的最小极限尺寸

E. 孔、轴的最大实际尺寸

12. 几何公差标注时,在公差值之前加 ϕ 或可能加 ϕ 的项目有

_____。

A. 孔的轴线的位置度　　　　　　B. 圆度　　　　　　C. 圆柱度

D. 同轴度　　　　　E. 直线度

13. 径向全跳动公差带的形状与_____的公差带形状相同。

A. 同轴度　　　　B. 圆度　　　　C. 圆柱度　　　　D. 线的位置度

14. 形状误差的评定准则应当符合_____。

A. 公差原则　　B. 最小条件　　C. 包容要求　　D. 相关原则

15. 一般说来,形状误差_____方向误差、位置误差。

A. 等于　　　　B. 小于　　　　C. 大于　　　　D. 不大于

E. 不小于

16. _____公差的公差带形状是唯一的。

A. 同轴度　　　B. 直线度　　　C. 垂直度　　　D. 平行度

17. 作用尺寸是由_____而形成的一个理想圆柱的尺寸。

A. 实际尺寸和形状误差综合影响　　B. 极限尺寸和形状误差综合影响

C. 极限尺寸和几何误差综合影响　　D. 实际尺寸和几何误差综合影响

18. 公差原则是指_____。

A. 制定公差与配合标准的原则

B. 确定形状公差、方向公差、位置公差和跳动公差数值大小的原则

C. 确定形状公差与方向公差、位置公差和跳动公差关系的原则

D. 确定尺寸公差与几何公差关系的原则

19. 当选择几何公差的公差等级时,通常采用_____。

A. 计算法　　　B. 类比法　　　C. 试验法　　　D. 分析法

20. 当被测要素采用最大实体要求的零几何公差时,_____。

A. 方向公差、位置公差值的框格内标注符号Ⓔ

B. 方向公差、位置公差值的框格内标注符号 $\phi 0$ Ⓜ

C. 实际被测要素处于最大实体尺寸时,允许的几何误差为零

D. 被测要素遵守的最大实体实效边界等于最大实体边界

E. 被测要素遵守的是最小实体实效边界

21. 选择公差原则时,如果孔、轴有配合性质要求,则应当采用

_____。

A. 最小实体要求　　　　　　B. 独立原则

C. 最大实体要求　　　　　　D. 包容要求

22. 选择公差原则时,如果孔、轴有可装配性要求,则应当采用

_____。

    A. 最大实体要求   B. 独立原则

    C. 最小实体要求   D. 包容要求

23. 方向公差、位置公差可以同时控制被测要素的_____。

    A. 方位误差   B. 尺寸误差

    C. 变形误差   D. 形状误差、方向误差和位置误差

24. 公差原则是_____。

    A. 确定几何公差数值大小的原则

    B. 确定几何公差与尺寸公差之间关系的原则

    C. 确定形状公差与方向公差、位置公差之间关系的原则

    D. 确定尺寸公差与配合的原则

25. 根据设计技术要求的不同,可能有多种公差带形状的几何公差项目是_____。

    A. 线轮廓度   B. 位置度   C. 平行度   D. 圆柱度

    E. 平面度

26. 某零件几何公差与尺寸公差之间的关系遵循独立原则,当零件加工出来后的实际尺寸、几何误差有一项超差,则该零件_____。

    A. 合格   B. 不合格   C. 尺寸最大   D. 偏差最小

27. 按照同一图纸加工一批孔,这些孔的作用尺寸_____。

    A. 与实际尺寸无关   B. 均不大于最大实体尺寸

    C. 不一定相同   D. 均不小于最大实体尺寸

28. 几何公差带的形状取决于_____。

    A. 几何公差特征项目   B. 几何公差的标注形式

    C. 被测要素的理想形状   D. 被测要素的实际形状

29. 按同一设计要求加工一批孔,各个实际孔的体外作用尺寸_____。

    A. 大于最大实体尺寸   B. 小于最大实体尺寸

    C. 相等   D. 不一定相等

30. 当相互配合的孔、轴均处于最大实体尺寸时,装配的结果是_____。

    A. 最松   B. 最紧   C. 最差   D. 最好

31. 当几何公差与尺寸公差的关系采用独立原则时,零件加工完毕后的实际尺寸和几何误差有一项超差,则该零件_____。

　　A. 变形最小　　　B. 尺寸最大　　　　　C. 合格　　　　　　　D. 不合格

32.假设某孔的实际尺寸为 $\phi 30.018$ mm 且处处相等,孔的轴线直线度误差为 8 μm,则该孔的体外作用尺寸是_____。

　　A. $\phi 30.010$ mm　　　　　　　　　B. $\phi 30.018$ mm

　　C. $\phi 30.026$ mm　　　　　　　　　D. $\phi 30.008$ mm

33.可逆要求可以应用于最大实体要求,当用于孔的轴线直线度公差 t 时,孔的轴线直线度公差 t 与孔的尺寸公差 T 的关系为_____。

　　A. 只允许 t 补偿 T　　　　　　　　B. 只允许 T 补偿 t

　　C. t,T 不能相互补偿　　　　　　　D. t,T 可以相互补偿

34.零件的作用尺寸_____。

　　A. 在设计时给定　　　　　　　　　　B. 通过测量得到

　　C. 加工后形成　　　　　　　　　　　D. 在装配时形成

35.下列几何公差项目中,方向公差项目有_____。

　　A. 线轮廓度　　　B. 位置度　　　　C. 平行度　　　　D. 圆柱度

　　E. 倾斜度

36.下列几何公差项目中,位置公差有_____。

　　A. ⊥　　　　　　B. 位置度　　　　C. 圆跳动　　　　D. 面轮廓度

　　E. 同轴度　　　　F. //

37.圆度公差与圆柱度公差的关系是_____。

　　A. 圆柱度公差可以控制圆度公差

　　B. 圆度公差可以控制圆柱度公差

　　C. 二者公差带形状不同,相互独立

　　D. 二者可以相互替代使用

38.几何公差中,方向公差可以控制被测要素的_____。

　　A. 形状误差　　　B. 位置误差　　　　C. 尺寸偏差　　　　D. 方向误差

三、是非判断题(下述说法是否正确,正确的打√,错误的打×)

1.国家标准规定了 6 项形状公差、6 项方向公差、6 项位置公差和 2 项跳动公差。　　　　　　　　　　　　　　　　　　　　　　　　　　　　　　（　　）

2.某平面对基准平面的平行度误差为 0.03 mm,那么该平面的平面度误差一定不大于 0.03 mm。　　　　　　　　　　　　　　　　　　　　　　　（　　）

3.某平面的平面度误差为 0.05 mm,那么这个平面对基准平面的平行度一定不大于 0.05 mm。　　　　　　　　　　　　　　　　　　　　　　　　（　　）

4.某圆柱面的圆柱度公差为 0.05 mm,那么该圆柱面对基准轴线的径向

全跳动公差不小于 0.05 mm。 （　　）

5. 当全跳动公差带适合于圆柱的端面时,它的公差带与使用垂直度公差带相同。 （　　）

6. 当对同一被测要素既有位置公差要求,又有形状公差要求时,形状公差值应大于位置公差值。 （　　）

7. 如果某一实际要素存在形状误差,则该实际要素一定存在方向误差和位置误差。 （　　）

8. 图样标注中,某孔的标注为 $\phi 20^{+0.021}_{0}$ mm,如果没有标注形状公差,那么它的形状误差值可任意确定。 （　　）

9. 图样标注中 $\phi 20^{+0.021}_{0}$ mm 的孔,如果没有标注其圆度公差,那么它的圆度误差值可任意确定。 （　　）

10. 当尺寸公差与几何公差之间的关系采用独立原则时,零件加工后的实际尺寸和几何误差中有一项超差,则该零件不合格。 （　　）

11. 被测要素处于最大实体尺寸和几何误差为给定公差值时的综合状态,称为最小实体实效状态。 （　　）

12. 当被测要素采用最大实体要求的零几何公差时,被测要素必须遵守最大实体实效边界。 （　　）

13. 轴线在任意方向上的倾斜度公差值前应加注符号"ϕ"。 （　　）

14. 径向全跳动公差带与同轴度公差带形状相同。 （　　）

15. 某轴的图样标注为 $\phi 10^{0}_{-0.015}$Ⓔ,则当被测要素尺寸为 $\phi 9.985$ mm 时,允许形状误差最大可达 0.015 mm。 （　　）

16. 符号 ⊥ $\phi 0$Ⓛ A 表示当被测要素处于最小实体尺寸时,允许的垂直度误差为零。 （　　）

17. 理论正确尺寸不带公差,可用于位置度、轮廓度、倾斜度公差等几何公差项目。 （　　）

18. 因为径向全跳动与端面相对于基准轴线的垂直度公差含义相同,故前者通常可以代替后者。 （　　）

19. 形状公差不涉及基准,其公差带的位置是浮动的,与基准要素无关。 （　　）

20. 全跳动分径向、端面和斜向全跳动三种。 （　　）

21. 最小实体尺寸是孔、轴最小极限尺寸的统称。 （　　）

22. 包容要求是一种控制作用尺寸不超出最大实体边界的公差原则。 （　　）

23. 同一批零件的作用尺寸和实效尺寸都是一个变量。　　　（　　）

24. 按同一公差要求加工出来的同一批轴，其作用尺寸不完全相同。

（　　）

25. 作用尺寸是由局部实际尺寸和几何误差综合形成的理想边界尺寸。对一批零件来说，若已知给定的尺寸公差值和几何公差值，则可以分析计算出作用尺寸。　　　（　　）

26. 当包容要求用于单一要素时，被测要素必须遵守最大实体实效边界。

（　　）

27. 最大实体尺寸就是孔、轴最大极限尺寸的总称。　　　（　　）

29. 如果图样上未标注出几何公差，则表明对形状误差、方向误差、位置误差和跳动无控制要求。　　　（　　）

29. 假如两根加工好的轴各处的实际尺寸相等，则它们的体外作用尺寸也一定相同。　　　（　　）

30. 当设计某轴几何公差时，标注圆柱度公差或者标注径向全跳动，可以达到同样的控制效果。　　　（　　）

31. 某零件的轴线对基准轴线的同轴度误差为 0.02 mm，那么该轴线的直线度误差一定不大于 0.02 mm。　　　（　　）

32. 某平面的平面度误差为 0.05 mm，那么该平面对基准轴线的端面全跳动误差不小于 0.05 mm。　　　（　　）

33. 当最大实体要求应用于被测要素时，被测要素的尺寸公差可补偿给几何误差，几何误差的最大允许值应小于给定的公差值。　　　（　　）

34. 当被测要素采用最大实体要求的零几何公差时，尺寸公差与几何公差的关系符合包容要求。　　　（　　）

35. 因为径向全跳动公差带与圆柱度公差带形状相同，所以两者公差带一样。　　　（　　）

36. 零件加工完毕后，如果实际尺寸在最大、最小极限尺寸范围内，同时几何误差小于几何公差，则该零件合格。　　　（　　）

37. 当图样上未标注出几何公差时，其几何精度要求由未注公差来控制。

（　　）

38. 几何公差带的形状为二维或三维空间区域，而尺寸公差带为一维空间。　　　（　　）

39. 圆度公差的被测要素可以是圆柱面、圆锥面或圆球面。　　　（　　）

40. 所谓零几何公差，就是指被测要素的几何公差数值为零。　　　（　　）

41.油缸与活塞的配合应当采用独立原则。　　　　　　　　　　（　　）

42.对于方向公差、位置公差和跳动公差,必须至少有一个基准要素。

（　　）

43.最大实体尺寸小于最小实体尺寸。　　　　　　　　　　　　（　　）

44.径向全跳动公差可以综合控制被测要素的圆柱度误差和同轴度误差。

（　　）

45.零件的尺寸公差和几何公差确定之后,实效尺寸就是确定的定值。

（　　）

46.在满足使用要求的前提条件下,应尽可能选择测量简便的几何公差项目。　　　　　　　　　　　　　　　　　　　　　　　　　　（　　）

47.最小条件是指,被测要素相对于基准要素的最大变动量为最小。

（　　）

48.对称度公差的被测要素和基准要素都应当为中心要素。　　　（　　）

49.圆柱度公差是一种综合评价指标,能够控制圆柱形零件横截面及轴向截面内形状误差的变化。　　　　　　　　　　　　　　　　　　（　　）

50.测量评定几何误差时,应用最小条件,才可能得到唯一最小的误差值。

（　　）

四、简答题

1.几何公差的研究对象是什么? 如何分类? 各自的含义是什么?

2.几何公差的标注应注意哪些问题?

3.独立原则的含义是什么,如何标注?

4.包容要求的含义是什么,如何标注?

5.最大实体要求的含义是什么,如何标注?

6.指出圆柱度与径向全跳动公差带的相同点和不同点。

7.在生产中常用径向圆跳动来代替轴类或箱体零件上的同轴度公差要求,其使用前提条件是什么?

8.几何公差带由哪些要素组成?

五、计算与说明题

1.某轴的尺寸公差要求为 $\phi40^{+0.041}_{+0.030}$ mm,轴线直线度公差为 $\phi0.005$ mm。实测某完工的轴的局部尺寸为 $\phi40.025$ mm,轴线直线度误差为 $\phi0.003$ mm,试说明轴的最大实体尺寸、最大实体实效尺寸、所允许的轴线最大直线度误差是多少。

2.某轴的技术要求为 $\phi40^{+0.041}_{+0.030}$Ⓔ,实测其尺寸为 $\phi40.035$ mm,此时允许的轴线直线度误差值是多少? 该轴允许的直线度误差最大值是多少?

3.根据图 1-3-1 所示的公差原则(公差要求),按要求填于表 1-3-1 中。

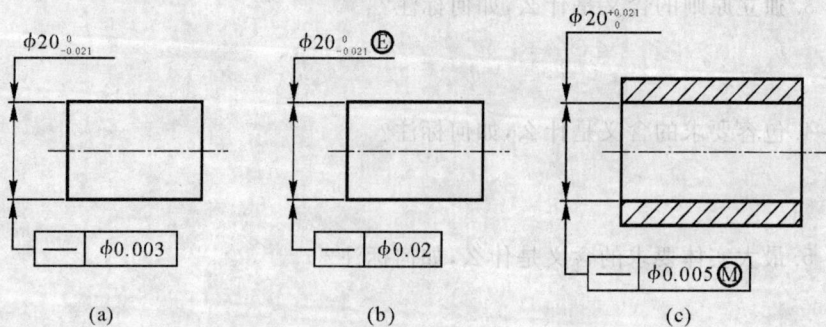

图 1-3-1

表 **1 - 3 - 1**　　　　　　　　　　　　　　mm

图例	采用公差原则（要求）	边界及边界尺寸	给定的几何公差值	可能允许的几何误差最大值
(a)				
(b)				
(c)				

4. 如图 1 - 3 - 2 所示为销轴的三种几何公差标注，它们的公差带有何不同？

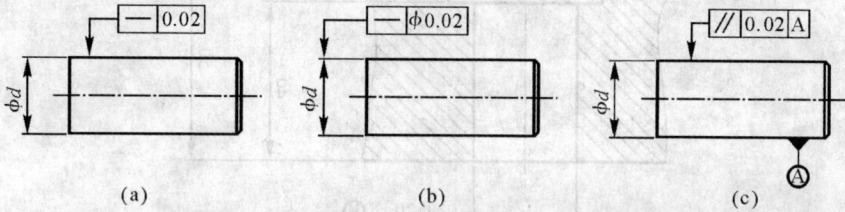

图　1 - 3 - 2

5. 如图 1 - 3 - 3 所示孔的方向公差、位置公差要求有何异同？

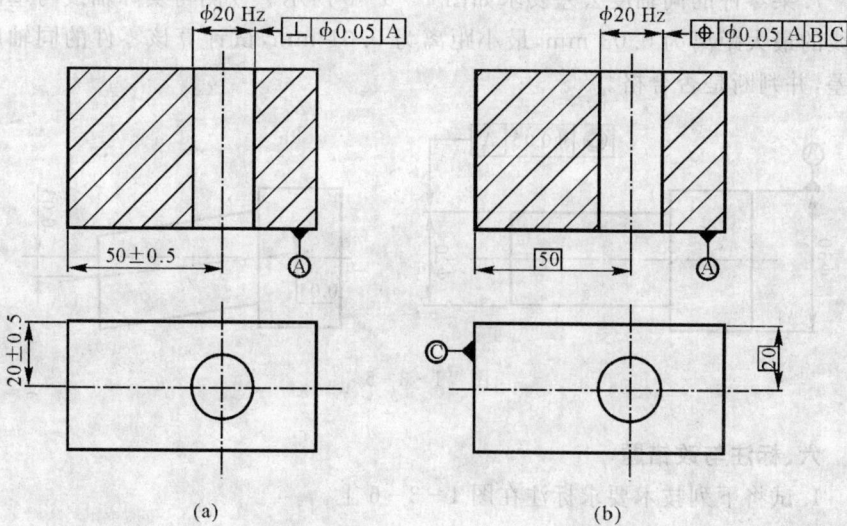

图　1 - 3 - 3

6. 如图 1-3-4 所示,试问:

(1)图中采用什么公差原则?

(2)被测要素的同轴度公差是在什么状态下给定的?

(3)当被测要素尺寸为 $\phi30.021$ mm,基准要素尺寸为 $\phi20.013$ mm 时,同轴度允许的最大误差可达多少?(基准要素未注直线度公差值为 0.03 mm)

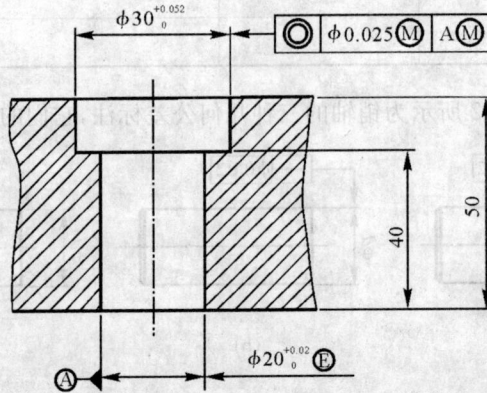

图 1-3-4

7. 某零件的同轴度公差要求如图 1-3-5 所示。今测得实际轴线与基准轴线的最大距离为 0.03 mm,最小距离为 0.01 mm,试计算该零件的同轴度误差,并判断是否合格。

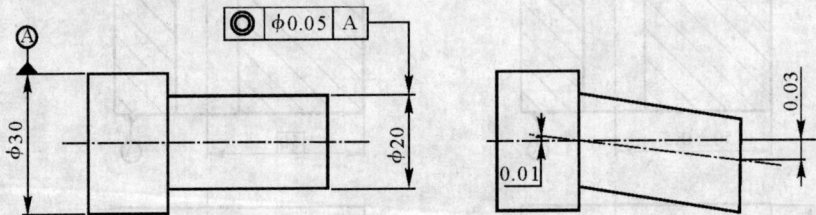

图 1-3-5

六、标注与改错题

1. 试将下列技术要求标注在图 1-3-6 上。

(1)大端圆柱面的尺寸要求为 $\phi50_{-0.02}^{0}$,采用包容要求。

(2)小端圆柱面轴线对大端圆柱面轴线同轴度公差为 0.04 mm,采用包容要求。

（3）小端圆柱面的尺寸要求为 $\phi30\pm0.008$，素线直线度公差为 0.02 mm，并采用包容要求。

（4）大端圆柱面的表面粗糙度 Ra 值不允许大于 0.8 μm，其余表面 Ra 值不允许大于 1.6 μm。

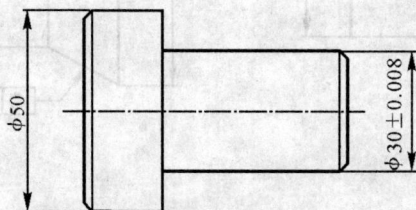

图　1-3-6

2. 将下列技术要求标注在图 1-3-7 上。

（1）圆锥面的圆度公差为 0.01 mm，圆锥素线直线度公差为 0.02 mm。

（2）圆锥轴线对 ϕd_1 和 ϕd_2 两圆柱面公共轴线的同轴度为 0.04 mm。

（3）端面 I 对 ϕd_1 和 ϕd_2 两圆柱面公共轴线的端面圆跳动公差为 0.03 mm。

（4）ϕd_1 和 ϕd_2 圆柱面的圆柱度公差分别为 0.006 mm 和 0.005 mm。

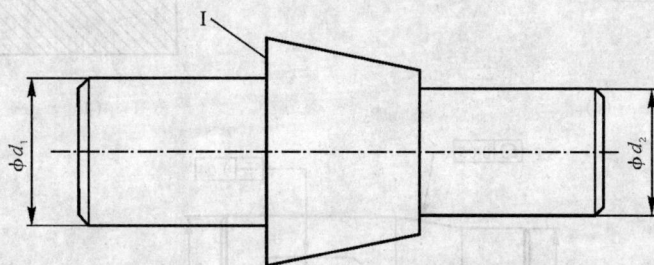

图　1-3-7

3. 改正图 1-3-8 各图中几何公差标注上的错误（不得改变几何公差项目）。

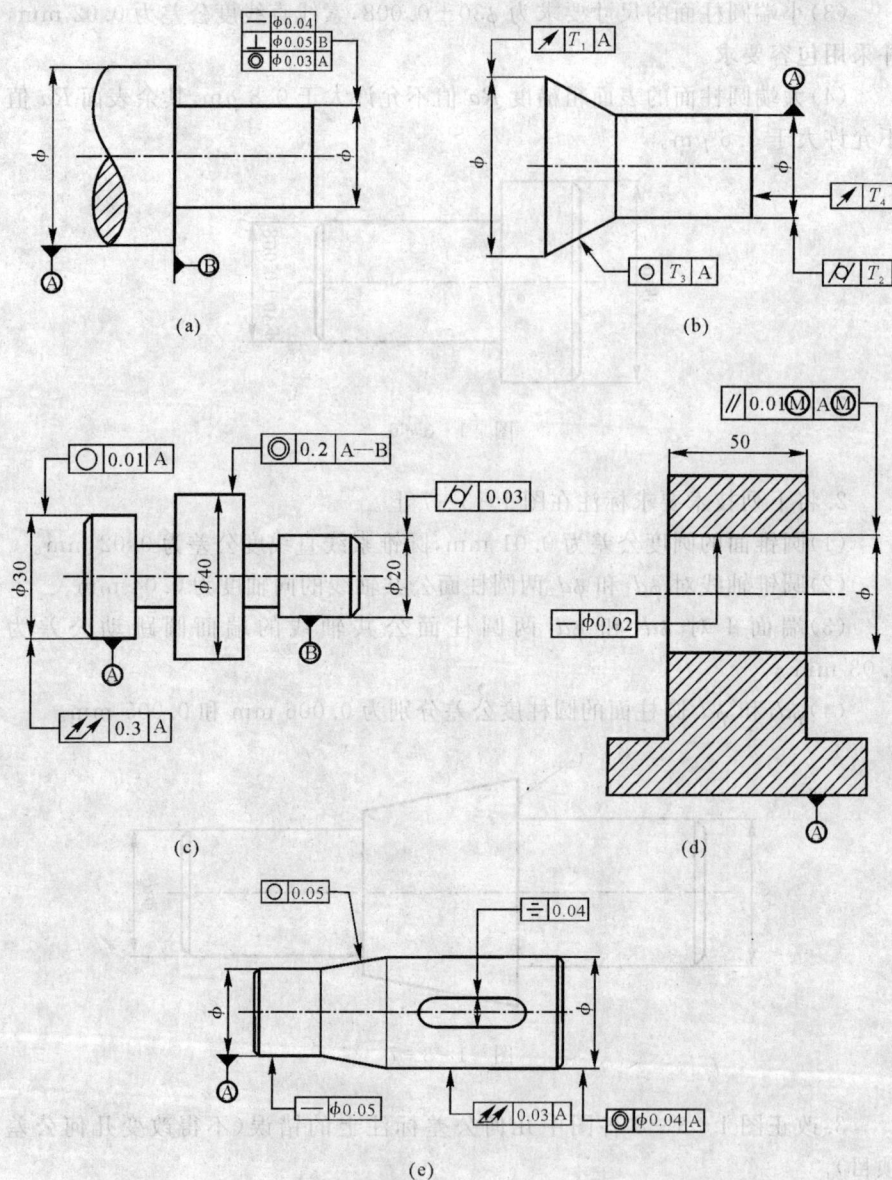

图 1-3-8

4.将以下公差要求标注在图 1-3-9 上。

(1)圆锥面的圆度公差为 0.01 mm。

(2)圆锥面素线的直线度公差为 0.02 mm。

(3)圆锥面轴线对 ϕd_1，ϕd_2 两圆柱面公共轴线的同轴度公差为 0.05 mm。

(4)左侧端面 I 对 ϕd_1，ϕd_2 两圆柱面公共轴线的端面圆跳动公差为 0.03 mm。

(5)ϕd_1，ϕd_2 两圆柱面的圆度公差分别为 0.008 mm 和 0.006 mm。

(6)ϕd_1，ϕd_2 两圆柱面的 Ra 允许值 1.6 μm，其余表面 Ra 允许值 6.4 μm。

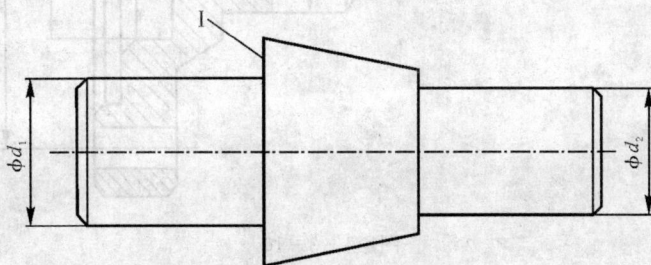

图 1-3-9

5.试将下列各项几何公差要求标注在图 1-3-10 上。

(1)ϕ55k6，ϕ60r6，ϕ65k6 和 ϕ75k6 圆柱面皆采用包容要求。

(2)16 mm 键槽中心平面对 ϕ55k6 圆柱面轴线的对称度公差为 0.012 mm。

(3)ϕ55k6 圆柱面、ϕ60r6 圆柱面和 ϕ80G7 孔分别对 ϕ65k6 圆柱面和 ϕ75k6 圆柱面的公共轴线的径向圆跳动公差皆为 0.025 mm。

(4)平面 F 的平面度公差为 0.02 mm。

(5)平面 F 对 ϕ65k6 圆柱面和 ϕ75k6 圆柱面的公共轴线的端面圆跳动公差为 0.04 mm。

(6)10-ϕ20P8 孔轴线(均布)对 ϕ65k6 圆柱面和 ϕ75k6 圆柱面的公共轴线(第一基准)及平面 F(第二基准)的位置度公差皆为 ϕ0.5 mm。

10-φ20P8 EQS

F

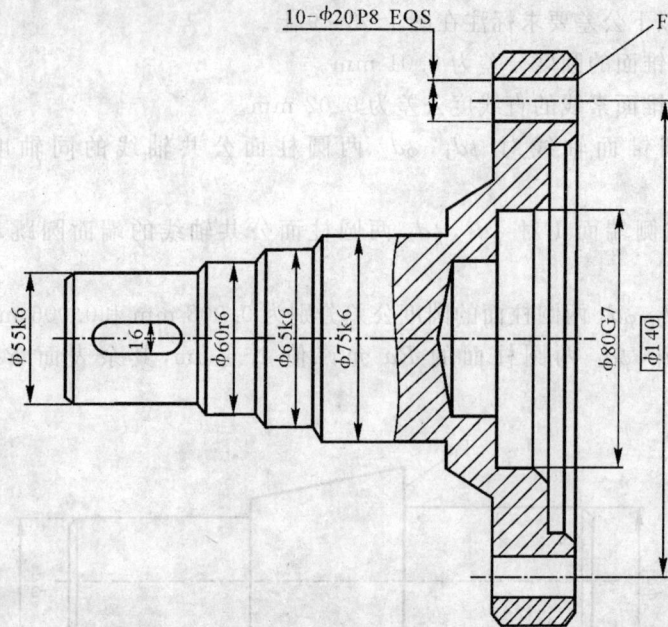

图 1-3-10

6.试将技术要求标注在图1-3-11上。

(1)法兰盘端面 A 对 φ18H8 孔的轴线的垂直度公差为 0.02 mm。

(2)φ35 mm 圆周上均匀分布的 4-φ8H8 孔,以 φ18H8 孔的轴线和法兰盘端面 A 为基准,位置度公差为 φ0.05 mm。

(3)φ18H8 孔的圆度公差为 0.01 mm。

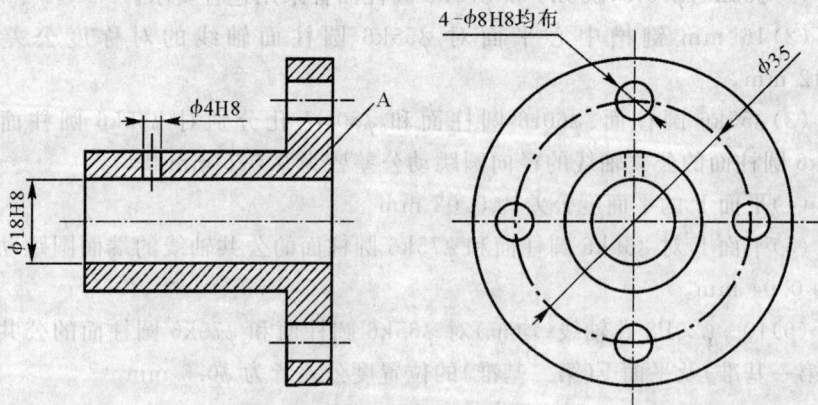

φ4H8

A

φ18H8

4-φ8H8均布

φ35

图 1-3-11

7.试将技术要求标注在图 1 - 3 - 12 上。

(1)两个 ϕd 孔的轴线对其公共轴线的同轴度公差为 0.02 mm。

(2)ϕD 孔的轴线对两个 ϕd 孔的公共轴线的垂直度公差为 100：0.02 mm。

(3)两个 ϕd 孔的的圆度公差为 0.01 mm。

(4)ϕD 孔的轴线对两个 ϕd 孔的公共轴线的偏离量不大于±0.010 mm。

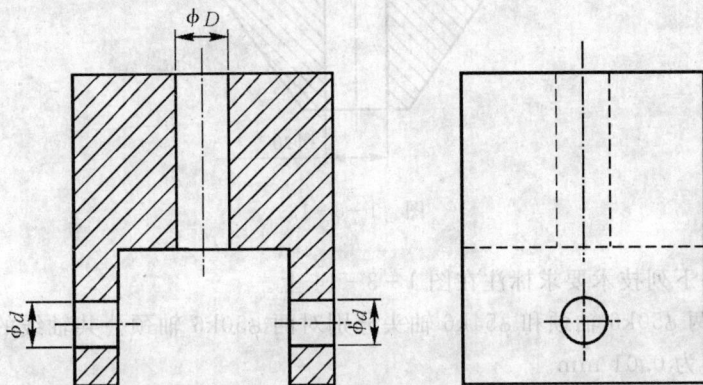

图　1 - 3 - 12

8.将下列技术要求标注在图 1 - 3 - 13 上。

(1)$\phi 60^{-0.009}_{-0.034}$孔遵守包容要求。

(2)$\phi 20^{+0.021}_{0}$孔对 $\phi 60^{-0.009}_{-0.034}$孔的同轴度公差为 0.01 mm。

(3)$\phi 20^{+0.021}_{0}$孔素线直线度公差为 0.01 mm。

(4)外圆锥面的直线度公差为 0.02 mm。

(5)$\phi 60^{-0.009}_{-0.034}$孔轴线直线度公差为 0.01 mm。

(6)外圆锥面的圆度公差为 0.02 mm。

(7)外圆锥面对 $\phi 20^{+0.021}_{0}$孔轴线的斜向圆跳动公差为 0.01 mm。

(8)上端面对 $\phi 20^{+0.021}_{0}$孔轴线的端面圆跳动公差为 0.02 mm。

(9)$\phi 100^{-0.009}_{-0.034}$圆柱面对 $\phi 20^{+0.021}_{0}$孔轴线的径向圆跳动公差为 0.02 mm。

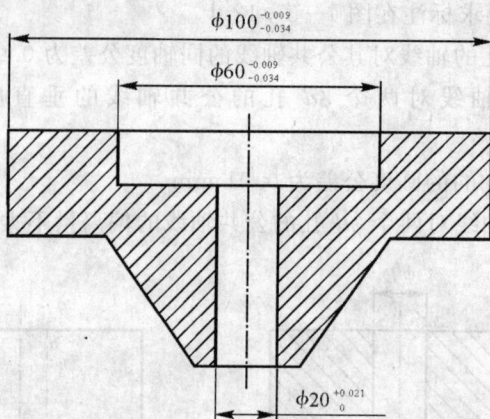

图 1-3-13

9. 将下列技术要求标注在图 1-3-14 上。

（1）两 $\phi50k6$ 轴颈和 $\phi54k6$ 轴头分别对两 $\phi50k6$ 轴颈公共轴线的径向全跳动公差为 0.01 mm。

（2）键槽两侧面的中心平面对 $\phi54k6$ 轴头轴线的对称度公差为0.05 mm。

（3）$\phi54k6$ 轴头两端面对两 $\phi50k6$ 轴颈公共轴线的端面圆跳动公差为 0.03 mm。

（4）两 $\phi50k6$ 轴颈的圆柱度公差分别为 0.008 mm。

（5）两 $\phi50k6$ 轴颈和 $\phi54k6$ 轴头采用包容要求。

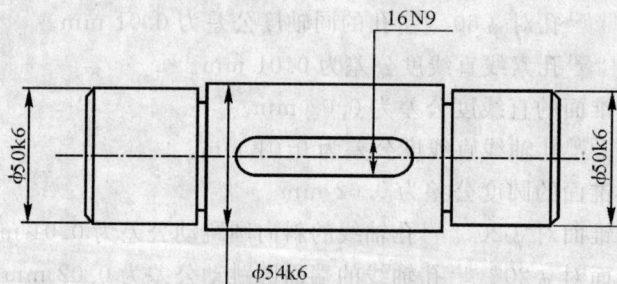

图 1-3-14

10. 将下列技术要求标注在图 1-3-15 上。

（1）$\phi30H7$ 孔的中心线对 $\phi16H6$ 孔的中心线同轴度公差为 0.04 mm。

（2）圆锥面对 $\phi16H6$ 孔的中心线的斜向圆跳动公差为 0.04 mm。

（3）6-$\phi11H9$ 孔的中心线对右端面和 $\phi30H7$ 孔的中心线的位置度公差

为 0.1 mm。

(4)零件右端面对 $\phi30H7$ 孔的中心线的端面圆跳动公差为 0.05 mm。

(5)$\phi32g7$ 外圆柱面对 $\phi30H7$ 孔的中心线的全跳动公差为 0.05 mm。

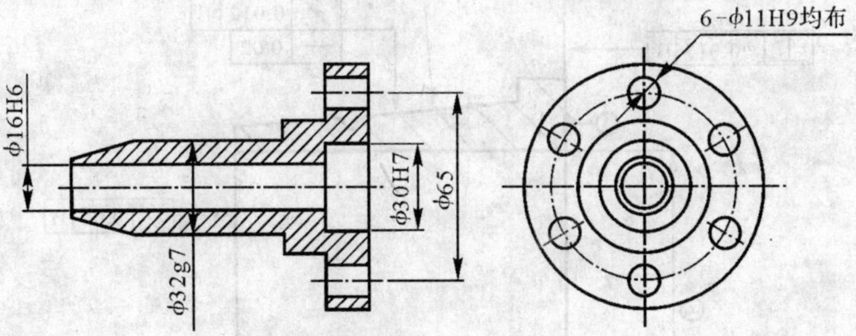

图 1-3-15

11.改正图 1-3-16 各图中几何公差标注上的错误(不得改变几何公差项目)。

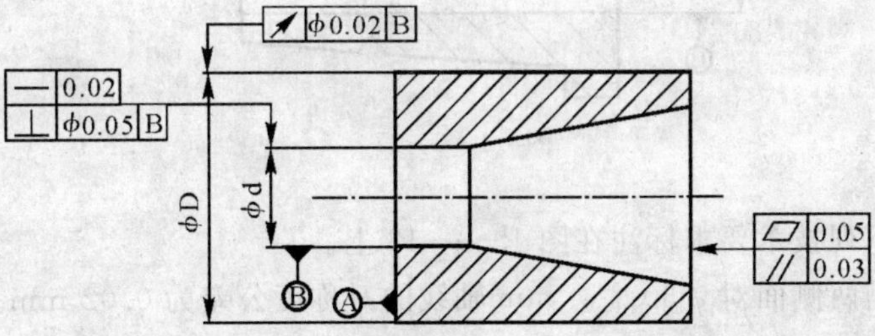

(a)

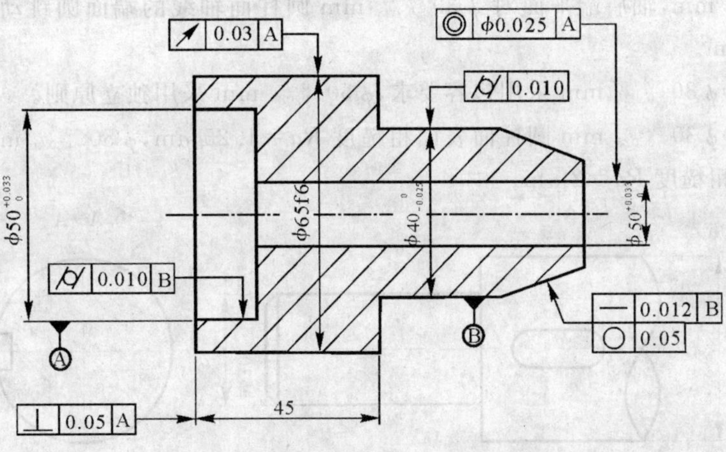

(b)

图 1-3-16

12. 改正图 1-3-17 所示图中几何公差标注上的错误(不得改变几何公差项目)。

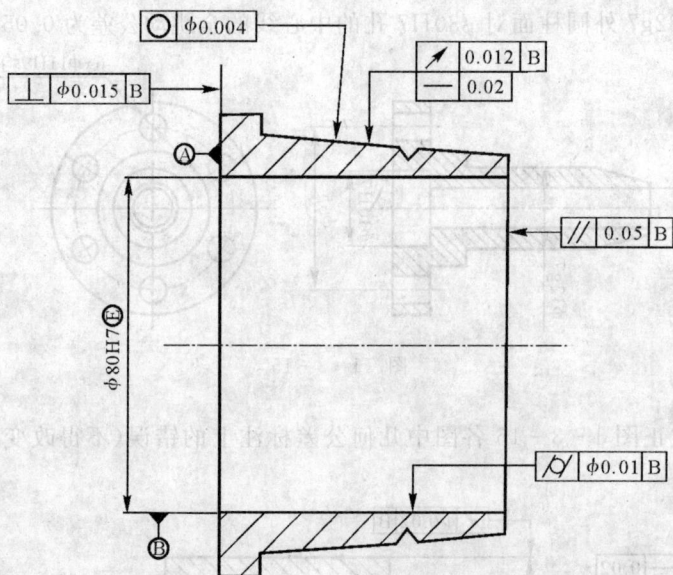

图 1-3-17

13. 将下列技术要求标注在图 1-3-18 上。

(1)键槽两侧面对 $\phi 30_{-0.025}^{0}$ mm 轴线的对称度公差为 0.02 mm。

(2)$\phi 50_{-0.039}^{0}$ mm 圆柱面对 $\phi 30_{-0.025}^{0}$ mm 圆柱面轴线的径向圆跳动公差为 0.03 mm,轴肩端平面对 $\phi 30_{-0.025}^{0}$ mm 圆柱面轴线的端面圆跳动公差为 0.05 mm。

(3)$\phi 30_{-0.025}^{0}$ mm 采用包容要求,$\phi 50_{-0.039}^{0}$ mm 采用独立原则。

(4)$\phi 30_{-0.025}^{0}$ mm 圆柱面表面粗糙度 $Ra = 1.25\ \mu m$,$\phi 50_{-0.039}^{0}$ mm 圆柱面表面粗糙度 $Ra = 2\ \mu m$。

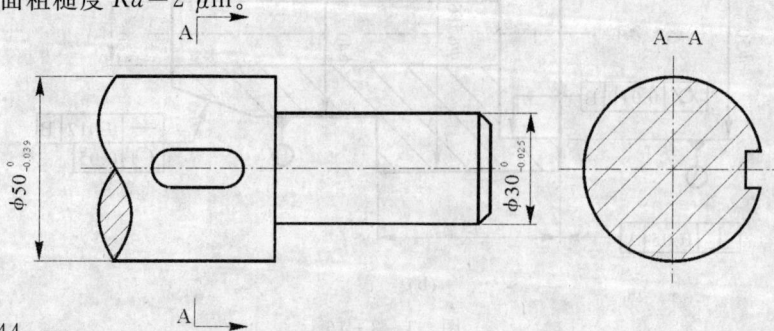

图 1-3-18

14.改正如图 1 - 3 - 19 所示几何公差标注上的错误(不得改变几何公差项目)。

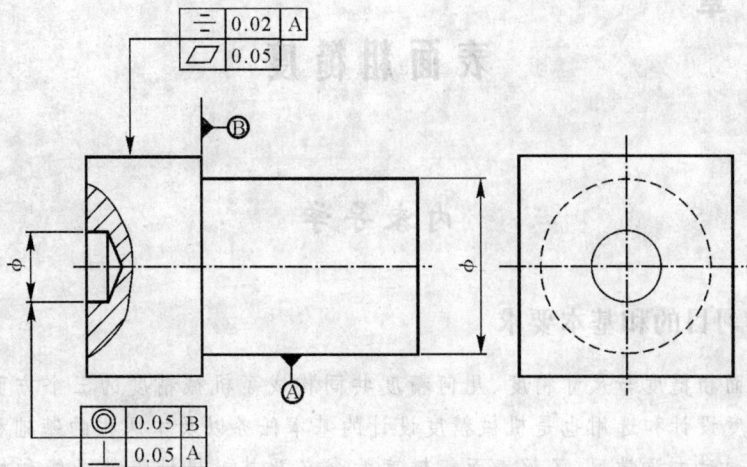

图　1 - 3 - 19

15.将下列技术要求标注在图 1 - 3 - 20 上。

(1)基准孔轴线 b 的直线度公差为 0.005 mm。

(2)基准孔表面 c 的圆柱度公差为 0.01 mm。

(3)圆锥面 a 的圆度公差为 0.01 mm。

(4)圆锥面 a 对基准内孔轴线 b 的斜向圆跳动公差为 0.02 mm。

(5)端平面 d 对基准孔轴线 b 的端面圆跳动公差为 0.01 mm。

(6)端平面 e 对端平面 d 的平行度公差为 0.03 mm。

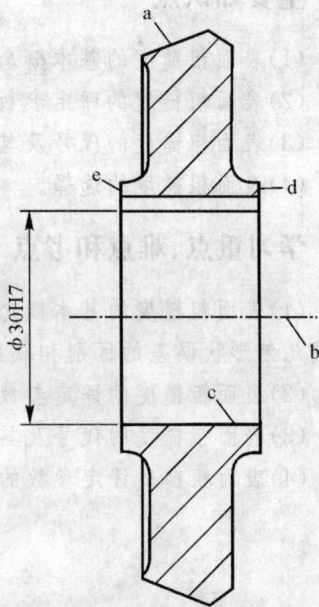

图　1 - 3 - 20

第 4 章

表面粗糙度

内容导学

学习目的和基本要求

表面粗糙度与尺寸精度、几何精度共同构成了机械精度的三个方面。表面粗糙度设计和选用也是机械精度设计的基本任务以及本课程的基础和重点内容。通过本章学习，了解表面粗糙度的含义及其对机械零件功能和性能的影响，理解和掌握表面粗糙度的主要评定参数，掌握表面粗糙度参数及其数值的选用原则和方法，掌握表面粗糙度主要评定参数的基本标注方法。

主要知识点

(1)表面粗糙度的基本概念及其对机械零件工作性能和质量的影响。

(2)表面粗糙度的评定参数，表面粗糙度评定参数的数值。

(3)表面粗糙度的代号及其标注方法。

(4)表面粗糙度的选择。

学习重点、难点和考点

(1)表面粗糙度的基本概念：表面微观几何形状误差与表面波纹度、表面宏观几何形状误差的区别和联系。

(2)表面粗糙度的评定参数：基本评定参数，附加评定参数。

(3)表面粗糙度的代号及其标注方法。

(4)表面粗糙度评定参数的选择、表面粗糙度参数值的选择。

同步练习

一、填空题

1.在表面粗糙度评定标准中,规定取样长度的目的是为了限制和减弱_____对测量结果的影响。

2.机械零件表面愈粗糙,评定其表面粗糙度时取样长度应当_____。

3.按照表面粗糙度国家标准规定,_____是基本评定参数,而_____是附加评定参数。

4.常用的表面粗糙度检测方法有4种,分别是_____、_____、_____和_____。

5.当选用表面粗糙度评定参数时,通常优先考虑选用_____。

6.当测量评定表面粗糙度轮廓幅度参数时,传输带的长滤波器的截止波长 λ_c 等于_____,默认的标准评定长度等于_____。

7.规定评定长度的目的是为了减小被测表面上表面粗糙度轮廓的_____对测量结果的影响。国家标准推荐,评定长度一般取_____个取样长度。

8.表面粗糙度轮廓评定参数中,可用于表面接触刚度和耐磨性等要求较高场合的为_____,可采用触针法测量的是_____。

二、选择题(从备选项中选择你认为正确的1个或多个正确选项)

1.评定表面粗糙度时,一般在横向轮廓上评定,其理由是_____。

A.横向轮廓比纵向轮廓的可观察性好

B.在横向轮廓上表面粗糙度比较均匀

C.在横向轮廓上可得到高度参数的最小值

D.在横向轮廓上可得到高度参数的最大值

2.表面粗糙度的参数允许值越小,则零件的_____。

A.用于配合时的配合精度越高　　　B.加工越容易

C.耐磨性越好　　　　　　　　　　D.抗疲劳性越差

E.传动灵敏性越差

3.表面粗糙度是指_____。

A.表面波纹度　　　　　　　　　　B.表面微观的几何形状误差

C.表面宏观的几何形状误差　　　　D.表面几何形状误差

4._____值是评定零件表面轮廓算术平均偏差的参数。

A. Rz B. Rx C. Ry D. Ra

5. 当选用表面粗糙度评定参数值时,正确合理的做法是_____。

A. 摩擦表面应当比非摩擦表面的参数值大

B. 尺寸精度要求高,参数值应当小

C. 承受交变载荷的表面参数值应当大

D. 同一零件的工作表面应当比非工作表面参数值大

6. 表面粗糙度符号或代号应标注在_____。

A. 虚线上   B. 可见轮廓线上

C. 尺寸界限上   D. 引出线或它们的延长线上

7. 同一表面的表面粗糙度轮廓幅度参数 Ra,Rz 的关系为_____。

A. $Ra<Rz$ B. $Ra=Rz$ C. $Ra>Rz$ D. 不一定

8. 配合精度要求高的表面,表面粗糙度参数值应当越小的理由是
_____。

A. 便于安装拆卸

B. 考虑加工的经济性

C. 外形美观

D. 保证间隙配合的稳定性或过盈配合的连接强度

三、是非判断题(下述说法是否正确,正确的打√,错误的打×。)

1. 当在图样上给出表面粗糙度参数时,一般只要给出幅度特征参数即可。

                                                          (   )

2. 在确定表面粗糙度的评定参数允许值时,取样长度可以任意选定。

                                                            (   )

3. $\phi80H9$ Ⓔ孔的表面粗糙度高度特性参数允许值应当比 $\phi80H9$ 的大。

                                                            (   )

4. $\phi80H7/k6$ 和 $\phi60H7/g6$ 相比,前一种配合的孔应当比后一种配合的孔的表面粗糙度高度特性参数允许值小。   (   )

5. 检测评定表面粗糙度轮廓参数时,如果零件表面的微观几何形状误差很均匀,则可选取一个取样长度作为评定长度。   (   )

6. 如果零件的尺寸公差等级越高,则该零件的表面粗糙度参数允许值应当越小。因此,表面粗糙度参数允许值要求越小的零件,其尺寸公差值必然也越小。   (   )

7. 轮廓最大高度就是在取样长度范围内轮廓的最大峰的高度。 (   )

8. 对于间隙配合的结合面,要求的间隙越大,则表面粗糙度参数值应当取

得越小。　　　　　　　　　　　　　　　　　　　　　　　（　　）

9.同一公差等级时,孔的表面粗糙度参数值应比轴的小。（　　）

10.轮廓最小二乘中线是唯一理想的基准线,但很难获得,通常可用轮廓算术平均中线代替。　　　　　　　　　　　　　　　　　　　　（　　）

11.表面粗糙度值越大,则零件的表面越光滑。　　　　　　（　　）

12.参数 Ra,Rz 均可反映微观几何形状高度方面的特性,可互相替换使用。　　　　　　　　　　　　　　　　　　　　　　　　　　（　　）

13.过盈量越大的过盈配合,配合结合面的表面粗糙度轮廓幅度参数值应当选得越小。　　　　　　　　　　　　　　　　　　　　　　（　　）

14.评定表面粗糙度轮廓所必需的一段长度称为取样长度,它一般包括几个评定长度。　　　　　　　　　　　　　　　　　　　　　　　（　　）

15.尺寸精度和几何精度要求越高的表面,表面粗糙度参数值应当越小。
　　　　　　　　　　　　　　　　　　　　　　　　　　　　（　　）

16.磨削加工后比车削加工后的零件表面的表面粗糙度参数值小。
　　　　　　　　　　　　　　　　　　　　　　　　　　　　（　　）

17.配合精度要求高的零件,表面粗糙度参数值应当取大一些。（　　）

四、简答题

1.表面粗糙度对机械零件的使用性能有哪些影响?

2.为什么要规定取样长度、评定长度和基准线?

3.表面粗糙度的评定参数有哪些?

4.选择表面粗糙度参数值时,应当遵守哪些原则?

5.精度设计时如何协调尺寸公差、形状公差和表面粗糙度参数值之间的关系?

6. 两个 $\phi50$H7 的孔, 圆柱度公差要求分别为 0.01 mm 和 0.02 mm, 在一般情况下, 哪个孔的表面粗糙度轮廓幅度参数值应当选小一些?

五、标注题

将下列要求标注在图 1-4-1 上。

(1) 直径为 $\phi50$ 的圆柱外表面粗糙度 Ra 的允许值为 3.2 μm;

(2) 左端面的表面粗糙度 Ra 的允许值为 1.6 μm;

(3) 零件右端面的表面粗糙度 Ra 的允许值为 12.5 μm;

(4) 内孔表面粗糙度 Ra 的允许值为 0.4 μm;

(5) 螺纹工作面的表面粗糙度 Ra 的最大值为 1.6 μm, 最小值为 0.8 μm;

(6) 其余各加工面的表面粗糙度 Ra 的允许值为 2.5 μm;

(7) 各加工面均采用去除材料法获得。

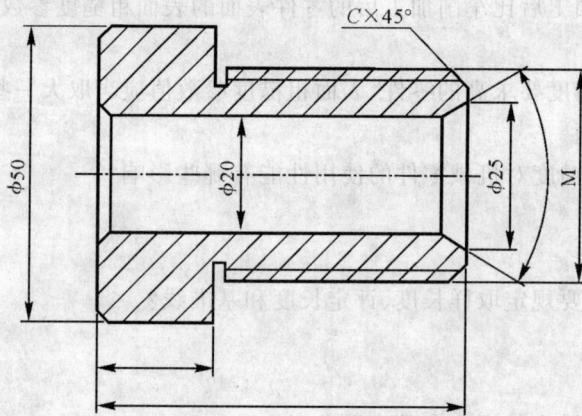

图　1-4-1

第 5 章
滚动轴承公差与配合

内容导学

学习目的和基本要求

滚动轴承是机电产品中广泛应用的结合件和支承件,属于精密标准化部件。通过本章学习,理解和掌握滚动轴承的精度等级及其典型应用,理解和掌握滚动轴承内、外径公差带及配合的特点,初步掌握与滚动轴承相配的轴颈、壳体孔的尺寸公差带的选用和标注方法。

主要知识点

(1)滚动轴承的公差特点。

(2)滚动轴承内、外圈与轴颈及壳体孔的配合特点。

(3)滚动轴承配合的选择。

学习重点、难点和考点

(1)滚动轴承公差的特点:滚动轴承的公差等级(精度等级),滚动轴承的内、外径公差带分布特点。

(2)滚动轴承配合时的配合制特点及配合制的确定。

(3)滚动轴承配合的选择与负荷性质(负荷类型、负荷大小)的关系。

(4)与滚动轴承相配合的轴颈及壳体孔的尺寸公差、几何公差及表面粗糙度的选用。

同步练习

一、填空题

1.在两种配合制度中,滚动轴承内圈内径与轴颈的配合,规定采用

_____,滚动轴承外圈外径与箱体孔的配合规定采用_____。

2.滚动轴承内圈内径尺寸公差为 0.010 mm,与之相配合的轴颈的尺寸公差为 0.013 mm,要求最大过盈为 −0.008 mm,则该轴颈的上偏差为_____,下偏差为_____。

3.影响滚动轴承与轴颈、外壳孔配合的两个主要因素是_____。

4.汽车车轮轮毂中使用的滚动轴承,其内圈相对于负荷方向固定,外圈相对于负荷方向旋转。故轴承内圈与轴颈的配合应当采用_____,外圈与壳体孔的配合应当采用_____。

5.国家标准规定,滚动轴承的公差等级按照_____、_____和_____划分。

6.在大多数情况下,滚动轴承内圈与轴颈一起旋转,要求具有一定的_____,但是因为内圈为薄壁零件,过盈量不宜_____。

7.滚动轴承承受的负荷越大、或承受_____负荷时,_____应当越大。

二、选择题(从备选项中选择你认为正确的 1 个或多个正确选项)

1.对于滚动轴承与轴颈及壳体孔的公差配合,_____。

A.在图纸上的标注与圆柱孔轴公差配合一样

B.一般均选过盈配合

C.应当分别选择两种基准制

D.配合精度很高

2.属于滚动轴承公差等级数字的有_____。

A.0　　　　 B.1　　　　 C.2　　　　 D.3　　　　 E.4

3.滚动轴承内圈内径与 $\phi 50js6$ 轴颈形成的配合要比配合 $\phi 50H7/js6$ 的松紧程度_____。

A.松　　　　 B.紧　　　　 C.松紧程度相同　 D.不能比较

4.承受旋转载荷的滚动轴承的套圈应当选择_____。

A.较松的间隙配合　　　　　 B.较紧的间隙配合

C.较松的过渡配合　　　　　 D.较松的过盈配合

5.某滚动轴承工作时内圈转动,外圈固定不动,则当滚动轴承承受方向不变的径向载荷作用时,内圈承受的是_____。

A.旋转载荷　　 B.固定载荷　　 C.轻载荷　　　 D.摆动载荷

6.滚动轴承外圈与基本偏差为 H 的外壳孔形成_____配合。

A.间隙　　　　 B.过盈　　　　 C.过渡　　　　 D.间隙或过盈

7.不属于作用在滚动轴承上的负荷种类是＿＿＿＿＿。

A.局部负荷　　B.循环负荷　　　C.摆动负荷　　　D.周期负荷

8.ϕ45j6 轴颈与 0 级深沟球轴承内圈配合部位的标注代号应为＿＿＿＿＿。

A.ϕ45H5/j6　　B.ϕ45H7/j6　　C.ϕ45H6/j6　　D.ϕ45j6

9.滚动轴承内圈内径公差带的特点是＿＿＿＿＿。

A.位于以内径公称直径为零线的下方

B.其基本偏差为正　　　　　　C.其基本偏差为负

D.其基本偏差为零　　　　　　E.其基本偏差为上偏差

F.其基本偏差为下偏差

10.当内径为 ϕ50 的滚动轴承与 ϕ50m6 的轴颈相配合时,其配合性质为＿＿＿＿＿。

A.间隙配合　　B.过渡配合　　C.过盈配合　　　D.不一定

11.当选用滚动轴承与轴颈、壳体孔的配合时,应当考虑的主要因素有＿＿＿＿＿。

A.轴承套圈相对于负荷方向的运转状态是＿＿＿＿＿。

B.承受负荷的大小　　　　　　C.轴颈、壳体孔的材料

D.轴承的径向游隙　　　　　　E.轴承的工作条件

12.与一般基孔制配合相比,滚动轴承内圈与轴颈的配合的松紧程度＿＿＿＿＿。

A.较松　　　　B.较紧　　　C.松紧程度相同　　D.不好比较

13.滚动轴承的基本尺寸包括＿＿＿＿＿。

A.内圈内径 d　　　　　　　B.外圈外径 D

C.滚动体直径　　　　　　　　D.套圈宽度 B

14.当滚动轴承承受局部负荷时,应当选用配合＿＿＿＿＿。

A.较紧的间隙配合　　　　　　B.较松的间隙配合

C.较紧的过渡配合　　　　　　D.较松的过渡配合

E.过盈配合

三、是非判断题(下述说法是否正确,正确的打√,错误的打×)

1.滚动轴承内圈与轴颈的配合,采用基孔制。　　　　　　　（　　）

2.滚动轴承内圈与轴颈的配合,一般采用间隙配合。　　　　（　　）

3.滚动轴承的精度等级也是根据轴承内、外径的制造精度来划分的。

（　　）

4. P0 级滚动轴承可用于转速较高而且旋转速度也很高的机器设备中。

（　　）

5. 滚动轴承内圈采用基轴制，外圈采用基孔制。（　　）

6. 滚动轴承外圈与基本偏差为 H 的外壳孔形成间隙配合。（　　）

7. 滚动轴承内圈与轴的配合一般采用间隙配合。（　　）

8. 滚动轴承内圈与轴的配合采用基孔制配合，它与一般的基孔制配合不同之处是轴承内圈内径公差带位于零线上方。（　　）

9. 对于承受负荷较大、旋转精度要求较高的滚动轴承，应当避免采用间隙配合。（　　）

10. 对于承受循环负荷的滚动轴承，应当采用过盈配合或者较紧的过渡配合。（　　）

四、简答题

1. 滚动轴承的极限配合与光滑圆柱体的极限配合有何不同？

2. 滚动轴承的精度等级有几级？其代号是什么？最常用的是哪些等级？

3. 滚动轴承承受载荷的类型与选择的配合有哪些关系？

4. 对于与滚动轴承相配合的轴颈及壳体孔，除了采用包容要求之外，为何还要规定严格的圆柱度公差？

五、计算与说明题

1. 某一旋转机构，选用中系列的 P6(E) 级单列向心球轴承(310)，$d = 50$ mm，$D = 110$ mm，宽度为 $B = 27$ mm，圆角半径为 $r = 3$ mm，额定动负荷为 $C = 48\ 400$ N，若径向负荷为 5 kN，轴旋转，试确定与滚动轴承配合的轴和外壳孔的公差带。

2. 与滚动轴承 G210(外径 90 mm,内径 50 mm,精度为 P0 级)内圈配合的轴用 k5,与外圈配合的孔用 J6,试画出它们的公差与极限配合图解,并计算极限间隙(过盈)以及平均间隙(过盈)。

3. 与 6 级 6309 滚动轴承(内径 45 mm,外径 100 mm)配合的轴颈公差带为 j5,外壳孔的公差带为 H6。试画出滚动轴承与轴颈及外壳孔配合的孔、轴尺寸公差带图,计算配合的极限间隙(过盈)。

4. 某一 6 级 6308 深沟球轴承,内径为 $40_{-0.010}^{0}$ mm,外径为 $90_{-0.013}^{0}$ mm,与之配合的轴颈公差带为 j6,外壳孔公差带为 Js7。试绘出两对配合的尺寸公差带示意图,并计算它们的极限间隙或过盈。

5. 某机床主轴上安装 P6 级 309 的向心球轴承,$d=45$ mm,$D=90$ mm,该轴承的额定动负荷为 18 100 N,承受一个 2 000 N 的固定径向负荷,内圈随轴一起旋转,外圈静止。试确定轴颈与外壳孔的公差带代号,确定轴颈与外壳孔的几何公差与表面粗糙度值,并标注在图样上。

第 6 章
普通螺纹连接的精度设计

内容导学

学习目的和基本要求

普通螺纹是机电产品中最常用的连接件。通过本章学习,了解普通螺纹的主要使用要求,理解影响普通螺纹互换性的主要几何参数,理解和掌握普通螺纹有关中径的基本概念及中径合格性的判断条件,理解普通螺纹公差配合国家标准的构成特点,初步掌握普通螺纹公差配合的正确选用和正确标注方法。

主要知识点

(1)普通螺纹的主要使用要求。
(2)普通螺纹的基本牙型、主要几何参数。
(3)普通螺纹公差与配合特点。

学习重点、难点和考点

(1)影响普通螺纹互换性的主要几何参数。
(2)普通螺纹的作用中径、中径合格条件。
(3)普通螺纹的公差配合标准与选用。

同步练习

一、填空题

1.普通螺纹标记 M8 - 7H, M8 表示 _____ 普通螺纹,7H 表示 _____ 的公差带代号。

2.普通螺纹公差配合国家标准仅对螺纹的 _____ 规定了公差,而螺距偏差、牙型半角偏差则由_____公差来控制。

3.普通螺纹的精度等级不仅与螺纹直径的_____有关,而且与螺纹的_____有关。

4.普通内螺纹的作用中径_____中径的最小极限尺寸,才能保证其旋合性。

5.国家标准对普通内螺纹规定了_____两种基本偏差,对普通外螺纹规定了_____四种基本偏差。

6.普通螺纹的_____中径和_____中径都必须控制在_____尺寸范围内,普通螺纹才合格。

7.普通螺纹公差配合国家标准规定,外螺纹的基本偏差代号有_____,内螺纹的基本偏差代号有_____。

二、选择题(从备选项中选择你认为正确的1个或多个正确选项)

1.普通螺纹标注 M20×2-7h/6h-L 中,6h 表示_____。

A.外螺纹大径公差带代号　　　　　B.内螺纹中公差带代号

C.外螺纹小径公差带代号　　　　　D.外螺纹中径公差带代号

2.国家标准对普通螺纹规定了_____。

A.顶径公差　　　B.中径公差　　　C.螺距公差　　　D.大径公差

E.小径公差

3.要保证普通螺纹结合的互换性,必须使实际螺纹的_____不能超出最大实体牙型的中径。

A.作用中径　　　B.单一中径　　　C.中径　　　　　D.公称中径

4.假定普通螺纹的实际中径在其中径极限尺寸的范围内,则可以判断此螺纹是_____。

A.合格品　　　B.不合格品　　　C.无法判断

5.普通螺纹公差配合国家标准规定的外螺纹的基本偏差代号有_____。

A.e　　　　B.f　　　　C.g　　　　D.h　　　　E.js

6.普通螺纹公差配合国家标准规定的内螺纹的基本偏差代号有_____。

A.E　　　　B.F　　　　C.G　　　　D.H　　　　E.JS

7.普通螺纹的中径公差可以用于控制_____。

A.中径偏差　　　B.大径偏差　　　C.小径偏差　　　D.螺距偏差

E.牙型半角偏差

8. 对普通螺纹连接的主要使用要求是_____。

　　A. 传动准确性　　B. 连接可靠性　　　C. 可旋合性　　　D. 密封性

9. 普通螺纹的作用中径与_____有关。

　　A. 实际大径　　B. 实际中径　　　C. 实际小径　　　D. 螺距偏差

　　E. 牙型半角偏差

10. 普通螺纹的公称直径为_____。

　　A. 大径　　　B. 中径　　　C. 小径　　　D. 螺距　　　E. 牙型角

11. 影响普通螺纹互换性的主要因素有_____。

　　A. 大径偏差　　B. 中径偏差　　　C. 小径偏差　　　D. 螺距偏差

　　E. 牙型形状误差　　　　　　　F. 牙型半角偏差

12. 普通螺纹的精度与螺纹的_____有关。

　　A. 公差等级　　B. 基本偏差　　　C. 螺距公差　　　D. 旋合长度

三、是非判断题(下述说法是否正确,正确的打√,错误的打×)

1. 普通螺纹公差配合国家标准没有单独规定螺距、牙型半角和牙型角的公差。　　　　　　　　　　　　　　　　　　　　　　　　　　　　(　　)

2. 普通螺纹的精度不仅与其中径的公差等级有关,而且与螺纹的旋合长度有关。　　　　　　　　　　　　　　　　　　　　　　　　　　　(　　)

3. 普通螺纹的中径公差既包含牙型半角的公差,也包含螺距公差。

　　　　　　　　　　　　　　　　　　　　　　　　　　　　　　　(　　)

4. 普通螺纹的中径公差,可以同时限制中径、螺距和牙型半角三个参数的误差变化。　　　　　　　　　　　　　　　　　　　　　　　　　　(　　)

5. 普通螺纹的螺距误差、牙型半角误差对互换性的影响可以转换为中径的补偿量。　　　　　　　　　　　　　　　　　　　　　　　　　　(　　)

6. 外螺纹的单一中径不超出中径公差带,则该螺纹的中径一定合格。

　　　　　　　　　　　　　　　　　　　　　　　　　　　　　　　(　　)

7. 普通螺纹的螺距误差、牙型半角误差均可换算为中径补偿量。　　(　　)

8. 普通螺纹 6 个几何参数都会影响普通螺纹的配合性质。　　　　(　　)

9. 当内螺纹和外螺纹的中径公差等级相同时,它们的中径公差数值也相同。　　　　　　　　　　　　　　　　　　　　　　　　　　　　　(　　)

10. 实际中径合格,则普通螺纹合格。　　　　　　　　　　　　(　　)

11. 国家标准未规定螺距公差的原因是螺纹加工中可以通过机床丝杠精度来控制被加工螺纹的螺距误差。　　　　　　　　　　　　　　　　(　　)

12. 要保证内、外螺纹自由旋合,则应使内螺纹的作用中径不小于外螺纹

的作用中径。   (   )

13.当螺距误差为零时,普通螺纹的实际中径等于单一中径。   (   )

四、简答题

1.假定某普通螺纹的实际中径在中径极限尺寸范围内,是否就可以断定该螺纹为合格品?为什么?

2.对紧固螺纹,为什么不单独规定螺距公差及牙型半角公差?

3.影响普通螺纹旋合性的有哪几项误差?

4.普通螺纹的作用中径与孔、轴的体外作用尺寸有何不同?

五、计算与说明题

1.查表确定螺栓 M24×2-6h 的外径和中径的极限尺寸,并绘出其公差带图。

2.测得某螺栓 M16-6g 的单一中径为 14.6 mm,$\Delta P_\Sigma = 35\ \mu m$,$\Delta \frac{\alpha_1}{2} = -50'$,$\Delta \frac{\alpha_2}{2} = 40'$,试问此螺栓是否合格?若不合格,能否修复?怎样修复?

3.有一普通螺纹配合 M12×1.5-6H/6g,已知某种加工方法所产生的误差为:

内螺纹:实际中径为 11.105,螺距累积误差为 $\Delta P_\Sigma = +0.03\ \mu m$,牙型半角误差为 $\Delta \frac{\alpha_1}{2} = -1°10'$,$\Delta \frac{\alpha_2}{2} = +1°30'$;

外螺纹:实际中径为 11.008,螺距累积误差为 $\Delta P_\Sigma = -40\ \mu m$,牙型半角误差为 $\Delta\frac{\alpha_1}{2} = +40'$,$\Delta\frac{\alpha_2}{2} = -1°$。

试问:(1)内、外螺纹的中径是否合格?

(2)它们能否在不产生过盈的条件下自由旋合?

第 7 章
键与花键的公差配合

内容导学

学习目的和基本要求

单键、花键是机电产品中最常用的连接件和结合件之一。本章内容实际上是极限配合、几何公差和表面粗糙度在单键、花键连接中的综合应用。通过本章学习,掌握平键、矩形花键连接的公差配合特点,理解和掌握单键、花键连接时配合制的确定及其理由,掌握花键连接的定心方式及其理由。

主要知识点

(1)键连接的公差配合特点。
(2)键连接的公差配合标准及其选用。
(3)花键连接的公差配合特点。
(4)花键连接的公差配合标准及其选用。

学习重点、难点和考点

(1)平键连接的公差配合特点:平键的连接形式(较松连接、一般连接、较紧连接),配合尺寸(键宽、键槽宽),键连接的配合制(基轴制)。键槽的注出几何公差(对称度)。

(2)矩形花键连接的公差配合特点:矩形花键连接的定心方式(大径定心、小径定心、键侧定心),配合制(基孔制),装配形式(滑动、紧滑动、固定),矩形花键的位置公差要求(位置度、等分度和对称度)。

同步练习

一、填空题

1. 平键连接公差配合国家标准中，键宽与键槽宽及轮毂槽宽的配合种类可分为_____、_____和_____。

2. 平键连接配合的基准制采用_____制，因为_____。

3. 国家标准规定，矩形花键连接的定心方式采用_____，配合的基准制采用_____。

4. 对于平键连接配合，键是_____件，配合的基准制采用_____，配合尺寸是_____。

5. 键、键槽的_____公差和_____公差之间的关系一般遵守独立原则。

6. 矩形花键的位置度公差应当遵守_____公差原则（公差要求）。

7. 为了减少_____，矩形花键连接采用_____制。

8. 平键连接配合中，平键的工作面是_____。

二、选择题（从备选项中选择你认为正确的 1 个或多个正确选项）

1. 平键连接的_____是配合尺寸。

A. 键宽和键槽宽　　　　　　　　B. 键高和槽深

C. 键长和槽长　　　　　　　　　D. 键槽宽

2. 在平键的连接中，轴槽采用的是_____配合。

A. 基孔制　　　B. 基轴制　　　C. 非基准制　　　D. 基准制

3. 在平键连接中，宽度尺寸 b 的不同配合是通过改变_____公差带的位置来获得。

A. 轴槽和轮毂槽宽度　　　　　　B. 键宽

C. 轴槽宽度　　　　　　　　　　D. 轮毂槽宽度

4. 国家标准规定的普通平键键宽公差带代号是_____。

A. h7　　　　　B. h8　　　　　C. h9　　　　　D. h10

5. 花键的分度误差一般用_____公差进行控制。

A. 同轴度　　　B. 对称度　　　C. 平行度　　　D. 位置度

6. 为了保证内、外矩形花键小径定心表面的配合性质，小径表面的尺寸公差与形状公差之间的关系应当采用_____。

A. 独立原则　　　　　　　　　　B. 包容要求

C. 最大实体要求   D. 最小实体要求

7. 国家标准对平键的键宽尺寸 b 规定了_____种公差带。

  A. 一种   B. 两种   C. 三种   D. 四种

8. 国家标准对平键的轴槽宽、轮毂槽宽尺寸 b 规定了_____种公差带。

  A. 一种   B. 两种   C. 三种   D. 四种

9. 当矩形花键轴存在位置误差时,将使得该花键轴_____。

  A. 轮廓尺寸变小,配合变松   B. 轮廓尺寸变大,配合变紧

  C. 轮廓尺寸不变,配合不受影响   D. 配合变松

10. 国家标准规定,矩形花键连接的定心方式采用_____。

  A. 键侧定心   B. 键槽侧定心   C. 大径定心   D. 小径定心

三、是非判断题(下述说法是否正确,正确的打√,错误的打×)

1. 平键连接中,键宽与键槽宽的配合采用基轴制。   （   ）

2. 与键连接相比,花键连接不仅连接强度高、承载能力强,而且定心精度高、导向性能好。   （   ）

3. 键连接中平键是标准件,所以平键与键槽的配合应当选用基轴制。

                         （   ）

4. 为了减少花键孔加工刀量具的品种和规格,矩形花键连接应当采用基孔制。   （   ）

5. 国家标准规定,矩形花键连接的定心方式可以采用小径定心、大径定心或键侧定心。   （   ）

6. 键 h8 与轴键槽 H9 形成的配合为松连接。   （   ）

7. 国家标准未推荐花键工作表面的表面粗糙度参数值。   （   ）

8. 国家标准对键槽规定的几何公差包括键的两个配合侧面相对于底面的垂直度公差。   （   ）

9. 单件小批量生产中,矩形花键检验时的几何公差项目一般选用对称度公差。   （   ）

10. 通过改变轴槽和轮毂槽的尺寸公差带位置,即可得到平键连接的不同的配合性质。   （   ）

四、简答题

1. 单键与轴槽及轮毂槽的极限配合有何特点?

2.矩形花键连接的定心方式有哪几种？如何选择？小径定心方式有何优点？

3.平键连接时选择哪种配合制（基准制）？矩形花键连接时选择哪种配合制？

4.除了规定尺寸公差外,对矩形内、外花键还规定了哪些几何公差？

五、计算与说明题

1.用平键连接,$\phi 30\text{H8}$ 孔与 $\phi 30\text{k7}$ 轴以传递转矩,已知 $b=8$ mm,$h=7$ mm,$t_1=3.3$ mm。确定键与槽宽的极限配合,并作尺寸公差带图。

2.查表确定矩形花键连接 $6-26\dfrac{\text{H7}}{\text{f7}}\times 30\dfrac{\text{H10}}{\text{a11}}\times 6\dfrac{\text{H9}}{\text{d10}}$ 的公差与配合。

第8章

圆锥公差配合

内容导学

学习目的和基本要求

通过本章学习,了解圆锥配合的特点、种类、基本几何参数和基本要求,了解圆锥几何参数对互换性的影响,理解和掌握圆锥公差配合的项目和给定方法,初步掌握圆锥公差的选用方法和标注方法。

主要知识点

(1)圆锥的有关参数和术语定义。

(2)圆锥结合的公差与配合。

学习重点、难点和考点

(1)与圆柱结合相比,圆锥结合的特点、分类和主要参数。

(2)圆锥结合的公差配合特点:圆锥直径公差带,圆锥角公差带,圆锥公差的给定和标注方法,圆锥公差带及配合的选用,圆锥尺寸及公差的标注方法。

同步练习

一、填空题

1.圆锥角公差共分为_____个公差等级,分别用_____表示,其中,_____级最高,_____级最低。

2.按照结合形式,圆锥配合分为两种类型,即_____和_____。

3.对于圆锥配合,内、外圆锥的直径偏差和圆锥角偏差的综合结果将引起_____和_____。

4.公差锥度法是一种圆锥公差标注方法,是指同时给出_____公差和_____公差,并标注_____长度,它们各自独立,分别满足各自的要求。

5.圆锥表面的形状公差项目有_____。

6.圆锥公差的标注方法有_____种,分别为_____。

7.当对圆锥零件的给定截面有较高精度要求时,应当规定_____公差和_____公差。

8.圆锥的形状公差包括_____公差和_____公差。

二、选择题(从备选项中选择你认为正确的 1 个或多个正确选项)

1.某一位移型圆锥配合,锥度 $C=1:10$,采用间隙配合,最大、最小间隙分别为 0.056,0.002 mm,则内、外圆锥的相对轴向位移公差为_____。

A. 0.054 mm   B. 0.54 mm   C. 0.56 mm   D. 0.02 mm

2.对于位移型圆锥配合,内、外圆锥直径公差带影响_____。

A. 内、外圆锥之间的最终轴向相对位置

B. 内、外圆锥之间的最终轴向位移

C. 圆锥配合的配合性质

D. 内、外圆锥装配时的初始位置

3.圆锥公差项目有_____。

A. 圆锥角公差   B. 圆锥形状公差   C. 圆锥直径公差

D. 圆锥长度公差   E. 给定圆锥截面圆锥直径公差

4.圆锥配合的主要几何参数有_____。

A. 圆锥角   B. 圆锥形状   C. 圆锥直径   D. 圆锥长度

E. 锥度

5.对于位移型圆锥配合,圆锥直径误差影响_____。

A. 配合的间隙。   B. 配合的实际初始位置

C. 配合的过盈   D. 接触质量   E. 基面距

三、是非判断题(下述说法是否正确,正确的打√,错误的打×)

1.圆锥配合的间隙或过盈的大小可以调整。   (   )

2.与圆柱体配合相比,影响圆锥配合性质的因素不仅有圆锥直径尺寸误差,而且还有圆锥角误差以及形状误差。   (   )

3.圆锥配合比圆柱配合更复杂,它不仅与圆锥直径公差有关,而且还与圆锥角公差有关。   (   )

4.圆锥直径公差带的形状为两个同心圆。   (   )

5.圆锥配合的松紧取决于内、外圆锥的轴向相对位置。   (   )

6.对位移型圆锥配合,可以通过控制相对轴向位移大小,或者产生轴向位移的装配力的大小来确定装配时的最终的轴向相对位置,可以得到间隙配合、过渡配合和过盈配合。 （　　）

7.圆锥配合具有较高的同轴度、配合性质可以调整、配合自锁性好及密封性好等优点。 （　　）

8.圆锥角公差是指圆锥角所允许的变动量。 （　　）

9.圆锥形状误差影响圆锥配合的接触质量。 （　　）

10.结构型圆锥配合的配合性质由内、外圆锥的直径公差决定。 （　　）

11.结构型圆锥配合既可以采用基孔制,也可以采用基轴制。 （　　）

12.一般情况下,对于圆锥配合只需要规定圆锥直径公差即可。 （　　）

13.圆锥角公差一般不单独提出,而是由圆锥直径公差加以控制。（　　）

14.对结构型圆锥配合,通过内、外圆锥不同的轴向位移可以得到不同的配合性质。 （　　）

15.设计时,一般以圆锥的最大直径作为基本直径。 （　　）

四、简答题

1.圆锥体配合中的尺寸参数 D,d,L,C（或 α）及其精度要求,在零件图上是否都需要标注出来?

2.圆锥误差如何控制,它们的公差各适用于什么情况?

3.圆锥配合有什么特点?

4.圆锥直径尺寸公差带对位移型圆锥配合的配合性质有无影响? 为什么?

五、计算与说明题

已知某内圆锥,锥度为 1：10,圆锥长度为 100 mm,最大圆锥直径为 30 mm,圆锥直径公差带代号为 H8,采用包容要求。试确定该圆锥加工完毕后圆锥角的合格范围。

第 9 章
齿轮传动精度

内容导学

学习目的和基本要求

齿轮传动是一种应用非常广泛的机械传动方式,齿轮精度设计是齿轮传动设计的重要任务。通过本章学习,理解齿轮传动的主要使用要求,了解齿轮传动误差的来源及其对传动性能的影响,理解并掌握单个齿轮精度的检测评定项目的名称、代号及其对齿轮传动性能的影响,了解齿轮副精度的检测评定项目,理解齿轮的精度等级,掌握齿轮副侧隙及齿厚极限偏差的计算确定方法,了解齿轮坯精度,初步学会并掌握齿轮精度设计的基本方法和一般步骤。

主要知识点

(1)齿轮传动的主要使用要求。

(2)齿轮传动误差的主要来源。

(3)渐开线圆柱齿轮精度的检测评定指标。

(4)渐开线圆柱齿轮的精度标准。

(5)渐开线圆柱齿轮副齿侧间隙(侧隙)的计算和确定。

(6)齿轮副的精度检测项目。

(7)齿轮坯的尺寸公差、几何公差及表面粗糙度要求。

(8)渐开线圆柱齿轮的精度设计及选用,齿轮精度和齿轮坯精度在图样上的标注。

学习重点、难点和考点

(1)齿轮传动的四项主要使用要求:传递运动的准确性,传动平稳性,载荷分布均匀性,齿轮副侧隙。

(2)渐开线圆柱齿轮精度的检测评定指标:各项指标的含义、作用、测量方法、单项/综合误差,应检精度指标。

（3）齿轮精度检验项目、精度等级及其选择。

（4）齿轮副最小法向侧隙的计算和确定,齿厚极限偏差和公法线平均长度极限偏差的确定。

（5）渐开线圆柱齿轮的精度设计选用方法及一般步骤。

同步练习

一、填空题

1. 对齿轮传动的主要使用要求是_____。

2. 按照 GB/T10095.1—2008 的规定,渐开线圆柱齿轮的精度等级共分为_____级,分别为_____,其中_____级是齿轮精度等级的基础级。

3. 齿轮副的侧隙可采用_____方法或_____方法获得。

4. 为了保证齿轮传动的使用要求,对齿轮箱体上支承啮合齿轮的两对轴承座孔公共轴线之间的相互位置应当规定_____偏差和_____公差。

5. 齿轮径向跳动可作为评定齿轮_____的指标,它是由_____偏心引起的。

6. 渐开线圆柱齿轮精度国家标准规定齿轮坯基准端面对基准孔轴线的端面圆跳动公差的目的是_____。

7. 齿轮精度标记 7 － 6 － 6 GB/T10095.1—2008,其中,7 表示_____,6 表示_____,6 表示_____。

8. 螺旋线总公差的表示符号是_____,它控制齿轮的_____要求。

9. 齿轮工作图上标注 8 － 7 － 7GB/T10095.1—2008,其中,8 表示_____。

10. 齿轮的齿距累积总偏差是被测齿轮的_____偏心和_____偏心的综合结果。

三、选择题(从备选项中选择你认为正确的 1 个或多个正确选项)

1. 以下项目中,属于齿轮副公差的项目有(　　)。

A. 齿轮径向跳动　　　　　　　B. 齿廓总公差

C. 中心距极限偏差　　　　　　D. 接触斑点

2.圆柱齿轮传动的使用要求包括运动精度、工作平稳性、(　　)等几个方面。

A. 几何精度　　　B. 平行度　　　　C. 垂直度　　　　　D. 接触精度

3.齿轮副的侧隙用于(　　)。

A. 储存润滑油　　　　　　　　B. 补偿热变形

C. 补偿加工制造误差和装配误差　　D. 保证运动精度

4.反映齿轮传动平稳性的公差项目有(　　)。

A. 齿距极限偏差　　　　　　　　B. 齿距累积总偏差

C. 齿轮径向跳动　　　　　　　　D. 齿厚极限偏差

5.齿轮传递运动准确性的必检指标是(　　)。

A. 齿厚极限偏差　　　　　　　　B. ΔF_α

C. 螺旋线总偏差　　　　　　　　D. 齿距累积总偏差

6.在选择齿轮传递运动准确性、传动平稳性和载荷分布均匀性的精度等级时,(　　)。

A. 传递运动准确性的精度等级必须高于另外两项

B. 三项的精度等级可以不同

C. 传递运动准确性和传动平稳性的精度等级必须相同

D. 三项的精度等级应当相同

7.以下齿轮公差项目中,反映齿轮副侧隙的有(　　)。

A. 螺旋线总偏差　　　　　　　　B. 齿距极限偏差

C. 齿厚偏差　　　　　　　　　　D. 齿轮径向跳动

8.影响齿轮在齿宽方向上轮齿载荷分布均匀性的误差是(　　)。

A. 螺旋线偏差　　　　　　　　　B. 齿距偏差

C. 齿廓总偏差　　　　　　　　　D. 公法线平均长度偏差

9.圆柱齿轮的径向跳动主要反映齿轮的(　　)。

A. 几何偏心　　　B. 运动偏心　　　C. 综合偏心　　　D. 齿廓偏差

10.齿厚偏差用于评定(　　)。

A. 传递运动的准确性　　　　　　B. 传动平稳性

C. 载荷分布均匀性　　　　　　　D. 齿轮副的侧隙

11.齿轮副的最小侧隙要求与齿轮精度等级的关系是(　　)。

A. 精度等级越高,侧隙越大　　　B. 精度等级越高,侧隙越小

C. 侧隙与精度等级无关　　　　　D. 侧隙与精度等级有关

12.一般机械传动中,常用的齿轮精度等级为(　　)。

A. 3～5 级   B. 6～9 级   C. 9～11 级   D. 9～12 级

13. 对齿轮坯的公差要求有（   ）。

A. 齿轮坯的尺寸公差   B. 基准面、安装面的形状公差

C. 安装面的方向公差   D. 安装面的跳动公差

14. 如果检验了齿轮的切向综合总偏差、一齿切向综合总偏差,就不必检验（   ）。

A. 螺旋线总偏差   B. 单个齿距偏差   C. 齿厚偏差

D. 齿轮径向跳动   E. 齿距累积总偏差   F. 齿廓总偏差

15. 对于有正反转的齿轮传动,齿轮副的侧隙应当取（   ）。

A. 不规定   B. 侧隙等于零   C. 较小一些   D. 较大一些

三、是非判断题（下述说法是否正确,正确的打√,错误的打×）

1. 影响齿轮传动传递运动准确性的两项主要误差是几何偏心和运动偏心。 （   ）

2. 单个齿轮的一齿切向综合偏差是评定齿轮传动平稳性的公差项目。 （   ）

3. 齿轮传动过程中的振动和噪声是由齿轮传递运动的不准确性误差引起的。 （   ）

4. 根据不同的传动要求,同一齿轮的三项精度要求,可以取相同的精度等级,也可以取不同的精度等级组合。 （   ）

5. 高速动力齿轮对传动平稳性和载荷分布均匀性的要求均很高。（   ）

6. 齿轮副的最小法向侧隙与齿轮的精度等级有关。 （   ）

7. 齿轮传动平稳性要求齿轮在一转范围内传动比的变化要小。 （   ）

8. 齿廓总偏差是用于控制齿轮传动平稳性的公差项目。 （   ）

9. 齿轮精度项目中,$\pm f_{Pt}$ 用于控制齿轮传递运动准确性。 （   ）

10. 齿轮副最小法向侧隙影响齿轮传递运动的准确性。 （   ）

11. 齿轮公法线平均长度偏差用于评定载荷分布均匀性。 （   ）

12. 要保证齿轮工作时的传动平稳性,就必须减小齿轮副非工作齿面的法向侧隙。 （   ）

13. 影响齿轮载荷分布均匀性的误差在齿高方向是单个差距偏差及齿廓总偏差,在齿宽方向是螺旋线总偏差。 （   ）

14. 齿轮副要求的最小法向侧隙与齿轮精度等级有关,齿轮的精度等级越高,齿轮副要求的最小法向侧隙则越小。 （   ）

15. 为了保证齿轮传动副工作平稳,减少振动和噪声,必须减小齿轮副非

工作齿面的法向侧隙。 （　　）

16. 对于单件小批量生产，齿轮精度检验时宜选用综合性指标。 （　　）

17. 齿距累积总偏差 F_p 是传动准确性的应检精度指标。 （　　）

18. 选择齿轮精度等级时最常用的方法是类比法。 （　　）

19. 根据不同的使用要求，对齿轮各个精度指标必须选用不同的精度等级。 （　　）

20. 切向综合总偏差能够全面评定齿轮传递运动准确性。（　　）

四、简答题

1. 对齿轮传动有哪些使用要求？侧隙对齿轮传动有何意义？

2. 齿轮运动精度主要受到哪些齿轮偏差影响？

3. 齿轮传动平稳性主要受到哪些齿轮偏差影响？

4. 齿面接触精度主要受到哪些齿轮偏差影响？

5. 齿轮切向综合总偏差和齿轮径向综合总偏差有什么差别？

6. 是否所有的齿轮偏差都取一样的精度等级？设计时如何选择精度等级？

7. 某 7 级精度的齿轮，其所有的偏差项目都应当达到 7 级精度，这种说法对吗？

8. 是否需要检验齿轮所有要素的偏差？选择检验项目时应考虑哪些因素？

9. 影响齿轮副精度的有哪些偏差项目？

10. 如何保证齿轮副侧隙？对单个齿轮，应通过控制哪些偏差来保证侧隙？

11. 设计中如何选择齿轮副中心距公差与轴线平行度公差？

12. 设计中如何对齿坯提出技术要求？

五、计算与说明题

1. 某减速器中的一对斜齿圆柱齿轮，已知设计条件如下：齿数 $z_1 = 27$，$z_2 = 103$，法向模数 $m_n = 2.5$，法向压力角 $\alpha_n = 20°$，分度圆螺旋角 $\beta = 14°42'11''$，分度圆直径 $d_1 = 69.784$ mm、$d_2 = 266.215$ mm，齿宽 $b_2 = 64$ mm，转速 $n_2 = 379$ r/min，齿轮安装定位孔直径 $d = 56$ mm，滚动轴承间跨距 $L = 150$ mm，大齿轮材料采用 45 钢正火处理，齿面硬度为 200HBS。试进行大齿轮精度设计，并绘制齿轮工作图。

2. 某渐开线直齿圆柱齿轮的模数 $m = 5$ mm，齿数 $z = 12$，标准压力角 $\alpha = 20°$，精度要求为 8 - 7 - 6 GB/T10095.1—2008。该齿轮的有关误差测量结果为 $\Delta F_P = 0.035$ mm，$\Delta F_\alpha = 0.020$ mm，$\Delta F_\beta = 0.030$ mm，试问该齿轮的传递运动准确性和载荷分布均匀性的必检指标是否合格？

3.某齿轮减速器中有一对直齿圆柱齿轮,其功率为 5 kW,$m=3$,$z_1=20$,$z_2=79$,$\alpha=20°$,$b=60$ mm。小齿轮最高转速 $n_1=750$ r/min。箱体材料为铸铁,线胀系数 $\alpha_1=10.5\times10^{-6}/℃$,齿轮材料为钢,线胀系数 $\alpha_2=11.5\times10^{-6}/℃$。工作时齿轮最大温升至 60℃,箱体最大温升至 40℃,小批量生产。试进行齿轮精度设计,并绘制齿轮工作图。

第 10 章
检 测 测 量 技 术 基 础

内 容 导 学

学习目的和基本要求

通过本章学习,理解和掌握有关检测测量的基本概念及其四要素,了解量值传递系统的概念,理解测量方法的分类及其特点、计量器具的分类及基本度量指标,理解和掌握测量误差的基本概念、来源、分类及测量数据处理方法,熟练掌握通用计量器具的选用方法,理解和掌握光滑极限量规的作用、种类和应用场合,熟练掌握光滑极限量规公差带分布及工作量规的设计计算方法。

主要知识点

(1)测量和检验的基本概念。

(2)测量基准和量值传递(量块的作用、构成、精度和选用)。

(3)测量误差和数据处理。

(4)测量方法和计量器具的基本概念。

(5)通用测量器具的选择。

(6)光滑极限量规。

学习重点、难点和考点

(1)测量过程四要素。

(2)测量方法的分类、特点和典型应用场合。

(3)测量器具的主要度量指标。

(4)测量误差及数据处理:测量误差的含义、来源及其种类;系统误差、随机误差和粗大误差的数据处理;测量精度、测量准确度及测量不确定度。

(5)通用测量器具的选用:验收极限和安全裕度的确定;通用测量器具的选用原则。

（6）光滑极限量规：特点，功用，分类，量规公差带及其工作尺寸计算。

同步练习

一、填空题

1.以多次测量值的算术平均值作为测量结果,可以减少_____的影响。

2.按照测量方法分类,用千分尺测量圆柱轴的直径属于_____测量、_____测量和_____测量。

3.某测量仪器的标准偏差为 2 μm,零件的单次测量值为 ϕ28.864 mm,4 次测量的平均值为ϕ28.866,则单次测量结果表示为_____,4 次测量结果表示为_____。

4.安全裕度由被检验工件的_____确定,其作用是确定_____的。

5.测量方法可分为_____测量和相对测量两种。相对测量时测量的是_____和标准量的差值。

6.某测量仪器在读数为 20 mm 处的示值误差为＋0.002 mm。如果用该仪器测量工件时读数恰好是 20 mm,则该工件的实际尺寸为_____。

7.按制造精度,量块分为_____级,按检定精度,量块分为_____等。

8.按"级"使用量块时,量块尺寸为_____,按"等"使用量块时,量块尺寸为_____。

9.光滑极限量规的通规用于控制被测工件的_____尺寸,使其不超过_____尺寸。

10.采用量规检验工件时,只能判断工件_____,不能得到工件的_____和_____。

11.测量是指将被测量与一个作为测量单位的_____进行比较,从而获得被测量的过程。

12.光滑极限量规由_____量规和_____量规成对组成,前者用于控制被测零件的_____尺寸,后者用于控制被测零件的_____尺寸。

13.检验工件尺寸时,内缩方式的验收极限向工件的公差带_____移动一个_____,可以避免_____。不内缩方式的验收极限的特点是

_____。

14. 光滑极限量规通规的基本尺寸应为被测工件的_____尺寸,止规的基本尺寸应为被测工件的_____尺寸。

15. 进行不同的尺寸测量时,应当采用_____误差,而不是用_____误差来评判测量精度的高低。

二、选择题(从备选项中选择你认为正确的 1 个或多个正确选项)

1. 属于间接测量的是_____。

A. 用千分尺测量零件外径

B. 用内径百分表测量零件内径

C. 用游标卡尺测量两个孔的中心距

D. 用光学比较仪测量零件外径

2. 按照误差性质,测量误差可分为_____。

A. 测量方法误差　　　　B. 系统误差　　　　C. 随机误差

D. 读数误差　　　　　　E. 粗大误差　　　　F. 测量器具误差

3. 对于 $\phi 50 f8({}^{-0.025}_{-0.064})$ Ⓔ,安全裕度 $A=0.003\ 9$ mm,则该零件的下验收极限为_____。

A. $\phi 49.939\ 9$　　B. $\phi 49.971\ 1$　　C. $\phi 49.936$　　D. $\phi 49.975$

4. 便于进行工艺质量分析的测量方法是_____。

A. 直接测量　　B. 接触测量　　C. 综合测量　　D. 单项测量

5. 某轴遵守包容要求,采用光滑极限量规进行检验时,检验结果能够确定此轴的_____。

A. 实际尺寸大小　　　　　　B. 形状误差值

C. 几何误差值　　　　　　　D. 合格性

6. 光滑极限量规设计时应当遵守_____。

A. 独立原则　　B. 泰勒原则　　C. 最大实体要求　　D. 独立要求

7. 应当按照仪器的_____来选择计量器具。

A. 测量范围　　B. 分度值　　C. 测量不确定度　　D. 灵敏度

8. 由于测量误差的存在而对被测量不能肯定的程度称为_____。

A. 精确度　　B. 精密度　　C. 测量不确定度　　D. 灵敏度

E. 准确度

9. 测量误差的来源有_____。

A. 计量器具误差　　　　　　B. 环境条件误差

C. 加工误差　　D. 读数误差　　E. 调整误差

10. 光滑极限量规主要适用于公差等级为_____的工件的检验。

A. IT01～IT18　B. IT1～IT6　　　C. IT12～IT18　　D. IT6～IT16

11. 光滑极限量规的制造公差 T 及磨损储存量 Z 与被测工件的_____有关。

A. 基本尺寸　　B. 基本偏差　　　C. 公差等级　　　D. 加工误差

12. 在评定随机误差时，_____是能够反映测量精度的参数。

A. 算术平均值　　　　B. 残差　　　　　C. 标准偏差

13. 测量零件时，由于测量温度变化而引起的测量误差属于_____。

A. 计量器具误差　　　B. 环境条件误差　　　C. 方法误差

D. 人为读数误差　　　E. 调整误差

三、是非判断题（下述说法是否正确，正确的打√，错误的打×）

1. 工件温度、测量工具的准确程度，以及测量者的视差都会造成测量误差。　　　　　　　　　　　　　　　　　　（　　）

2. 相对测量（比较测量）中，仪器的示值范围应大于被测尺寸的公差值。　　　　　　　　　　　　　　　　　　（　　）

3. 随机误差是可以消除的。　　　　　　　　　　　　（　　）

4. 对于等精度测量，算术平均值的精度要高于系列测得值的精度。　　　　　　　　　　　　　　　　　　　　　（　　）

5. 量块按"级"使用时忽略了其检定误差。　　　　　　（　　）

6. 国家标准规定内缩式验收极限的好处是，既可以防止误收，也可以防止误废。　　　　　　　　　　　　　　　　　　　　（　　）

7. 零件尺寸合格必须满足的条件为，实际尺寸在上、下验收极限尺寸之内。　　　　　　　　　　　　　　　　　　　（　　）

8. 绝对测量比相对测量的测量精度高。　　　　　　　（　　）

9. 测量仪器的刻度间距与分度值相同。　　　　　　　（　　）

10. 量块按"等"使用时，忽略了量块的检定误差。　　（　　）

11. 在相对测量（比较测量）时，仪器的示值误差应当大于被测零件尺寸的公差值。　　　　　　　　　　　　　　　　　　（　　）

12. 检验 $\phi45H6\textcircled{E}$ 所用的塞规通规的磨损极限尺寸为 $\phi45$。（　　）

13. 孔、轴的工作量规都有校对量规。　　　　　　　　（　　）

14. 规定量规磨损极限尺寸的目的是为了增加量规的制造公差，使量块更容易加工。　　　　　　　　　　　　　　　　　　（　　）

15. 在使用量块时，常用几个量块组合得到所需的尺寸，所用的量块数目

越多,组合得到的尺寸越准确。　　　　　　　　　　　　　（　　）

16.精密的计量器具可以测得被测量的真值。　　　　　　（　　）

17.量规属于无刻度的计量器具,因为量块没有刻度,所以也属于量规。

　　　　　　　　　　　　　　　　　　　　　　　　　　（　　）

18.相对误差越小,则测量精度越高。　　　　　　　　　　（　　）

19.任何测量方法都存在测量误差,测量误差总是不可避免的。（　　）

20.光滑极限量规由于结构简单、检验效率高,因而广泛应用于大批量生产中。　　　　　　　　　　　　　　　　　　　　　　　　（　　）

21.安全裕度 A 越大,越容易产生误收。　　　　　　　　（　　）

22.生产公差是生产中采用的公差,生产公差越大越好。　（　　）

22.塞规用于检验孔,卡规或环规用于检验轴。　　　　　（　　）

23.为了减少测量误差,一般不采用间接测量方法。　　　（　　）

24.在测量过程中,产生随机误差的原因可以逐一找出。　（　　）

25.量块按"等"使用时,量块的工作尺寸同时包括其制造误差和检定误差。　　　　　　　　　　　　　　　　　　　　　　　　　（　　）

四、简答题

1.测量的实质是什么? 一个完整的测量过程包括哪几个要素?

2.量块分级与分等的依据是什么? 按等或按级使用量块有何区别?

3.举例说明绝对测量与相对测量、直接测量与间接测量的区别和应用。

4.测量误差可分几类? 各有何特征?

5.如何给出测量结果的正确形式? 为什么?

6.已定系统误差影响测量结果的精确度吗? 为什么?

7. 系统误差和随机误差对测量结果的影响有什么不同？

8. 测量器具的基本度量指标有哪些？

五、计算题

1. 对某一个轴颈在同一位置上测量 10 次，测得值为 $\phi58.855$，$\phi58.855$，$\phi58.858$，$\phi58.856$，$\phi58.857$，$\phi58.858$，$\phi58.858$，$\phi58.855$，$\phi58.859$，$\phi58.857$。假设已消除了系统误差，求测量结果。

2. 已知某测量仪器的标准偏差为 $\sigma=0.002$ mm，使用该仪器对某零件进行 4 次等精度测量，测量结果分别为 $\phi67.020$，$\phi67.019$，$\phi67.018$，$\phi67.015$，试求测量结果。

3. 被测工件为 $\phi25f8$，试确定其验收极限，并选择适当的测量器具。

4. 两个轴颈直径的测量值分别为 $\phi99.979$ mm 和 $\phi60.035$ mm，其绝对测量误差分别为 $+0.008$ mm 和 -0.006 mm，请问哪一个轴颈的测量精度高？

5. 采用两种测量方法测量两个尺寸,测量结果分别为 25±0.002 mm 和 200±0.02 mm,试问哪一种测量方法的测量精度高?

6. 某工件的尺寸公差为 ϕ250h11Ⓕ,试确定验收极限,并选择合适的测量器具。

7. 设计用于检验 ϕ40G7/h6 的光滑极限量规,设计确定工作量规的工作尺寸,画出量规公差带图。

第 11 章
装配公差与尺寸链

内容导学

学习目的和基本要求

尺寸链的设计计算是机器精度综合设计和装配精度设计的重要内容。通过本章学习,理解尺寸链的基本概念、组成、分类和特点,掌握尺寸链的建立步骤及设计计算方法,初步具备建立尺寸链和解算尺寸链的能力,重点掌握采用完全互换法解算尺寸链。

主要知识点

(1)尺寸链的基本概念。
(2)尺寸链的计算方法。
(3)保证装配精度的其他技术措施。

学习重点、难点和考点

(1)尺寸链的定义、作用、组成及分类。
(2)尺寸链的建立步骤。
(3)尺寸链的常用计算方法(完全互换法、大数互换法)。

同步练习

一、填空题

1.尺寸链计算中的校核计算是指,已知 _____ 极限尺寸,计算 _____ 极限尺寸。

2. _____ 是直线尺寸链中公差数值增大的环。

3.尺寸链由组成环和 _____ 环组成,组成环分为 _____ 和

_____。

4. 按照功能和应用范围,尺寸链分为 _____、_____ 和 _____。

5. _____ 是计算尺寸链的最基本方法,能够保证零件的 _____。

6. 按各环的空间位置,尺寸链可分为 _____、_____ 和 _____。

二、选择题(从备选项中选择你认为正确的 1 个或多个正确选项)

1. 包括封闭环在内,一个尺寸链的环数至少为 _____。

A. 5　　　　　　B. 4　　　　　　C. 3　　　　　　D. 2

2. 在机器装配过程或零件加工过程中,最后自然形成的尺寸就是尺寸链中的 _____。

A. 封闭环　　　B. 组成环　　　C. 增环　　　　D. 减环

3. 零件尺寸链中,封闭环是 _____。

A. 最重要的尺寸　　　　　　　B. 最不重要的尺寸

C. 最容易加工的尺寸　　　　　D. 最难加工的尺寸

4. 在尺寸链计算方法中,能够实现完全互换性的方法为 _____。

A. 分组装配法　B. 修配法　　C. 极值法　　　D. 大数互换法

E. 调整法

5. 一般按照"入体原则"确定各组成环的公差带,即 _____。

A. 孔取上偏差为零　　　　　　B. 轴取上偏差为零

C. 孔取下偏差为零　　　　　　D. 轴取下偏差为零

6. 采用分组装配法时,分组数不宜过多,一般为 _____。

A. 8~10　　　　B. 6~8　　　　C. 4~6　　　　D. 2~4

三、是非判断题(下述说法是否正确,正确的打√,错误的打×)

1. 一个尺寸链中,必需同时具有封闭环、增环和减环。　　　　　　（　　）

2. 一个尺寸链中只能有一个封闭环。　　　　　　　　　　　　　（　　）

3. 当确定尺寸链的封闭环时,一般都是将公差或极限偏差未知的尺寸作为封闭环。　　　　　　　　　　　　　　　　　　　　　　　　（　　）

4. 尺寸链只应用于机器装配,而不应用于零件的加工。　　　　　（　　）

5. 封闭环是在加工或装配过程中最开始形成的一个环。　　　　　（　　）

6. 当确定尺寸链的封闭环时,一般选择最重要的尺寸作为封闭环。

　　　　　　　　　　　　　　　　　　　　　　　　　　　　　（　　）

7. 对于零件尺寸链,封闭环尺寸公差一般不在零件图上标注。　　（　　）

8.工艺尺寸链中的封闭环与加工顺序有关,加工顺序不同,封闭环也不同。 （　　）

9.如果装配精度一定,组成环的数目越多,则各组成环分配到的公差值就越大。 （　　）

10.分组装配法可以扩大各个组成环的公差,使其加工更加容易和经济。 （　　）

11.在装配尺寸链中,每一个独立尺寸的偏差都会影响装配精度。（　　）

12.极值法求解尺寸链能够保证零部件的完全互换性。 （　　）

四、简答题

1.什么叫尺寸链?

2.什么叫封闭环、组成环、增环和减环? 如何确定封闭环? 能否说未知的环就是封闭环?

3.求解尺寸链的基本方法有哪些? 各用于什么场合?

4.什么是最短尺寸链原则? 试从尺寸链的观点说明其重要性。

五、计算与说明题

1.如图 1-11-1 所示的尺寸链中,A_0 为封闭环,试分析各组成环中哪些是增环? 哪些是减环?

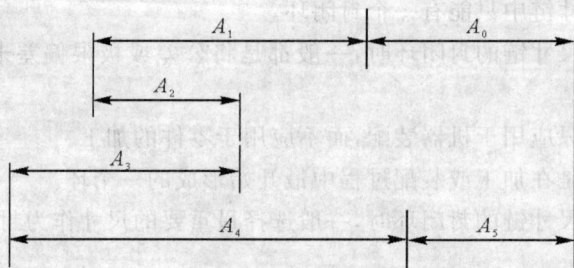

图　1-11-1

2. 如图 $1-11-2$ 所示，要保证尺寸 $A_3 = 10_{-0.36}^{0}$ mm，已知 $A_1 = 50_{-0.06}^{0}$ mm，求镗孔深度 A_2。

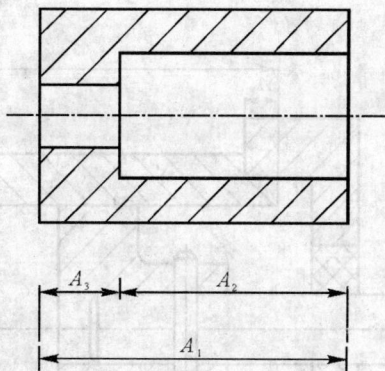

图 $1-11-2$

3. 如图 $1-11-3$ 所示为某齿轮和轴的部件装配图。为便于卡圈的装卸，又不至于使齿轮在轴上有过大的轴向游动，要求装配间隙 N 在 $0.1\sim0.5$ mm 范围内。设计时初步确定有关尺寸和极限偏差为 $A_1 = 40_{0}^{+0.16}$ mm，$A_2 = 38_{-0.15}^{0}$ mm，$A_3 = 2_{-0.18}^{-0.10}$ mm，试用完全互换法验算这些尺寸及极限偏差是否正确。

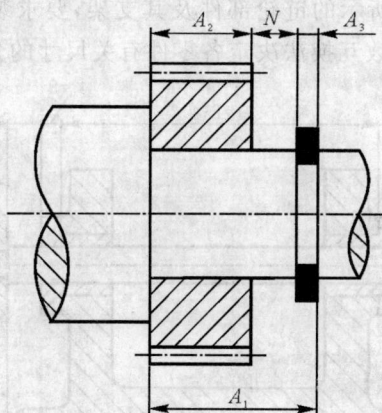

图 $1-11-3$

4. 如图 $1-11-4$ 所示部件结构图，若要求保证活塞杆移动范围为 $300_{-0.17}^{+0.14}$ mm，且已知各有关零件尺寸为 $A_1 = 350$ mm，$A_2 = 10$ mm，$A_3 =$

$60 \text{ mm}, A_4 = 15 \text{ mm}, A_5 = 5 \text{ mm}$。试用完全互换法确定有关零件尺寸的极限偏差。

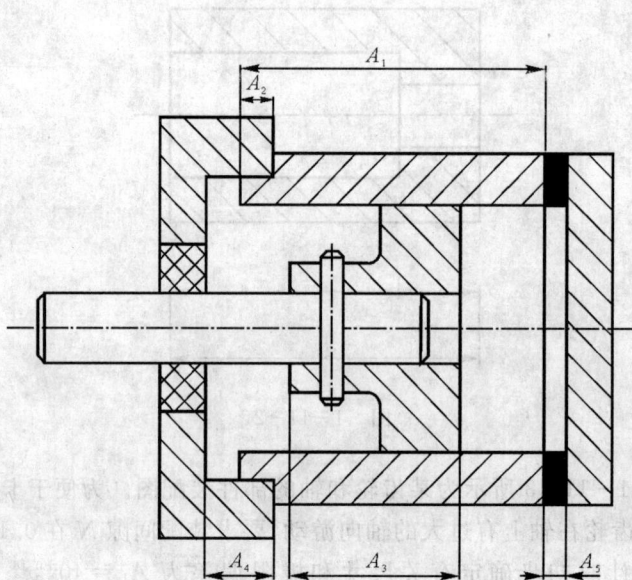

图 1-11-4

5.如图 1-11-5 所示的链轮部件及其支架,要求装配后轴间间隙 $A_0 = 0.2 \sim 0.5 \text{ mm}$,试按大数互换法决定各零件有关尺寸的公差与极限偏差。

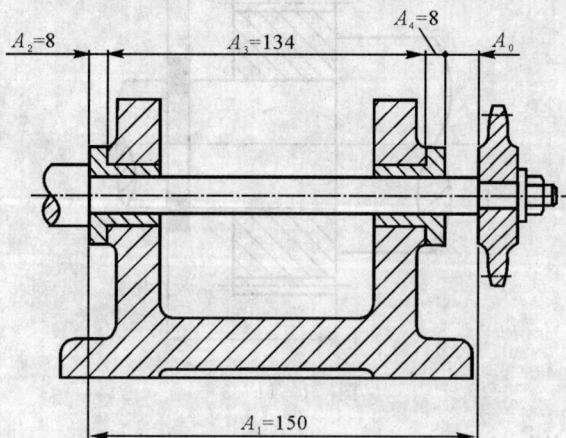

图 1-11-5

第二部分

习题与思考题参考答案

第1章　绪　　论

一、填空题

1.完全互换,不完全互换。

2.挑选,修配,调整,使用功能和性能要求。

3.尺寸,几何形状,相对位置,表面粗糙度。

4.完全互换,不完全互换。

5.公差。

6.尺寸精度,几何形状精度,相对位置精度。

7.误差,公差。

8.加工误差,公差。

9.十进制等比数列,10。

10.公差,标准化。

11.R5,R10,R20,R40,R80,$(10)^{1/5}$,$(10)^{1/10}$,$(10)^{1/20}$,$(10)^{1/40}$。

12.绝对准确,公差。

二、选择题

1.A　2.A　3.B　4.A,C,D,E　5.A,C　6.A,B,D　7.B,E　8.B,C

三、是非判断题

1.×　2.×　3.×　4.×　5.×　6.√　7.√　8.×

9.×　10.×　11.×　12.√　13.√　14.×　15.√　16.×

四、简答题

1.**答**　互换性是指某一产品(包括零件、部件、构件)与另一产品在尺寸、功能上能够彼此互相替换的性能。零部件互换性应当同时满足以下条件:

(1)装配前不需要经过任何挑选;

(2)装配中不需要修配或调整;

(3)装配或更换后能满足既定的功能和性能要求。

2.**答**　完全互换是指同一规格的零部件在装配或更换时,既不需要选择,也不需要任何辅助加工与修配,装配后就能满足预定的使用功能及性能要求。完全互换常用于厂外协作及批量生产。例如滚动轴承内圈与轴颈、滚动轴承外圈与壳体孔的配合就采用完全互换。不完全互换允许零部件在装配前可以有附加选择,例如预先分组挑选,或者在装配过程中进行调整和修配,装配后能满足预期的使用要求。不完全互换一般用于中小批量生产的高精度产品，通常为厂内生产的零部件或机构的装配。例如发动机、内燃机中汽缸与活塞就采用不完全互换的分组装配法。

3. **答** 功能互换性又称广义互换性，是指产品在机械性能、理化性能等方面的互换性，例如强度、刚度、硬度、使用寿命、抗腐蚀性、导电性等。功能互换性往往着重于保证除尺寸配合要求以外的其他功能和性能要求。

4. **答** 在机械制造中，零部件的互换性是指机器或仪器中，在不同工厂、不同车间，由不同工人生产的同一规格的一批合格零部件，在装配前，不需作任何挑选，任取其中一个；装配中，无需进行修配和调整；装配后，能满足预定的使用功能和性能要求。

5. **答** 按照互换性原则组织生产，给机电产品的设计、制造、装配、使用、维修，以及生产组织管理等各个方面带来巨大的优越性：

(1)有利于推行计算机辅助设计(CAD)。

(2)有利于组织专业化协作生产，有利于采用先进工艺和高效率的加工设备，有利于实现加工过程和装配过程的机械化、自动化，有利于推广计算机辅助制造(CAM)。

(3)可节省机器的维修时间和费用，增加机器的平均无故障工作时间，保证机器连续持久地正常运转，延长机器的使用寿命，提高其使用价值。

(4)便于实行科学化管理。

6. **答** 如家用电器、汽车、摩托车、自行车、飞机等的零部件通常都具有互换性，在使用过程中，当需要进行维修时，根据互换性原理可以方便、快捷地用新的备件更换损坏或失效的零部件，从而节省机器的维修时间和费用，延长产品的使用寿命。

7. **答** 所谓标准化是指在经济、技术、科学及管理等社会实践中，对重复性事物和概念通过制定、发布和实施标准达到统一，以获得最佳秩序和社会效益的全部活动过程。

所谓标准是指对需要协调统一的重复性事物(如产品、零部件)和概念(如术语、规则、方法、代号、量值)所做的统一规定。

按级别和作用范围，我国技术标准分为国家标准(GB，GJB)、行业标准、地方标准和企业标准四级。国家标准化指导性技术文件(GB/Z)作为对四级标准的补充。

8. **答** 标准化是广泛实现互换性生产的前提；标准化是实现互换性生产的基础和必要前提。

9. **答**　采用优先数系可对工程领域和工业生产中的各种技术参数的数值进行协调、简化和统一。合理选择优先数往往在一定数值范围内能以较少的品种规格满足用户的需要。

10. **答**　(1)属于派生系列 R40/12。

(2)属于混合系列,前 3 项为 R5 系列,后面为 R10 系列。

11 **答**　几何量检测有两个目的:

(1)可用于对加工后的零件进行合格性判断,评定是否符合设计技术要求。

(2)可获得产品制造质量状况,进行加工过程工艺分析,分析产生不合格品的原因,以便采取相应的调整和改进措施,实现主动质量控制,以减少和消除不合格品。

12. **答**　零件的几何参数存在的误差即几何量加工误差,简称为加工误差。

公差是事先规定的工件尺寸、几何形状和相互位置允许变动的范围,用于限制加工误差。公差是实际参数值的最大允许变动量,是允许的最大误差。

几何量加工误差可分为尺寸(线性尺寸和角度)误差、几何形状误差(包活宏观几何形状误差、微观几何形状误差和表面波纹度)、相互位置误差等。

13. **答**　一方面,零件在加工过程中不可能做得绝对准确,必然产生加工误差;另一方面,零部件上的几何量误差会影响零部件的使用功能和互换性,只要将这些误差控制在一定的范围内,即将零件几何量参数实际值的变动控制在一定范围内,保证同一规格的零件彼此充分近似,则零部件的使用性能和互换性都能得到保证。因此,零件应当按照规定的极限(即公差)来制造。

14. **答**　制造出来的机械零部件和产品是否满足设计要求,还要依靠准确有效的检测技术手段来验证,因而,检测技术是实现互换性的重要手段。

15. **答**　机械精度设计的主要任务是确定机械各个组成零件的几何要素的公差。

机械精度设计应遵循以下原则:①互换性原则;②标准化原则;③精度匹配原则;④优化原则;⑤经济性原则。

16. **答**　机械精度设计一般有三种方法;类比法(经验法)、试验法、计算法。

第 2 章　极限与配合

一、填空题

1. 强度计算,刚度计算;类比法(经验法),试验法。

2. 测量。

3. 实际尺寸,真值。

4. 极限偏差(上、下偏差)。

5. 最大极限尺寸,最小极限尺寸。

6. 最大极限偏差。

7. 上偏差,下偏差。

8. 最大极限尺寸,最小极限尺寸,实际偏差。

9. 基本偏差,尺寸公差值。

10. 20,IT01,IT18。

11. 上,不同。

12. 下,0。

13. 无关,不同。

14. 基本尺寸。

15. 过渡。

16. 标准公差,基本偏差。

17. 极限,间隙,过渡,最紧。

18. 标准公差,基本偏差。

19. 精度等级,20。

20. 基孔制,基轴制。

21. 孔,轴。

22. 基准孔,下,H,0,上。

23. 轴,孔。

24. 0,−0.050 mm,0,0.050 mm。

25. 基孔,过渡。

26. 基孔制,基轴制,基孔制,基轴制。

27. 靠近,20℃。

28. 上偏差,下偏差,零线,$IT_n/2$ 或 $(IT_n-1)/2$。

29. $\phi16$,H,IT11,H11。

30.配合制(基准制),公差等级,配合。

31.间隙,过盈。

32.配合,配合公差。

33.上,实际。

34.+0.033,0。

35.—0.025。

36.越大(越小)、越容易(越困难)。

37. IT7～IT11,IT5～IT8,IT10～IT13。

38.f(精密级)、m(中等级)、c(粗糙级)、v(最粗级);非配合尺寸,冲压加工尺寸。

39.过渡。

40.制造,加工的难易程度,极限偏差(极限尺寸),合格与否(合格性);实际偏差,松紧程度,配合精度。

二、选择题

1.B,C,E	2.A,B,D,E	3.A,C,D,E	4.C	5.C
6.A	7.B	8.A	9.C	10.A
11.A,E	12.C	13.A	14.B	15.D
16.B	17.A	18.C	19.B	20.D
21.A	22.D	23.C	24.B	25.A
26.D	27.A,C,D	28.C	29.E	30.B,C,D
31.A	32.B,D	33.A,B,C	34.A,E	35.D
36.B,C,E	37.C,A	38.A	39.B	40.D

三、是非判断题

1.×	2.×	3.×	4.√	5.×	6.×	7.×	8.×
9.×	10.×	11.√	12.×	13.×	14.×	15.×	16.×
17.×	18.×	19.×	20.√	21.√	22.×	23.×	24.√
25.×	26.√	27.×	28.×	29.×	30.×	31.×	32.×
33.×	34.×	35.√	36.×	37.×	38.×	39.√	40.√
41.×	42.√	43.×	44.×	45.√	46.×	47.×	48.×
49.√	50.×	51.√	52.×	53.×	54.√	55.×	56.×
57×	58.√	59.×	60.×	61.×	62.×	63.×	64.×
65.√	66.×	67.×	68.×				

四、简答题

1.**答** 《极限与配合》国家标准中,孔和轴具有更广泛的含义,它们不仅仅表示圆柱形的内、外表面,也包括由单一尺寸确定的非圆柱形的内、外表面。

2.**答** 基本尺寸是计算极限尺寸和极限偏差的起始尺寸。极限尺寸是尺寸允许变动的界限值。实际尺寸是通过测量得到的尺寸。基本尺寸、极限尺寸在设计时计算并确定,极限尺寸用于控制实际尺寸。

3.**答** 实际偏差是实际尺寸减去其基本尺寸所得的代数差,常用实际偏差代替实际尺寸进行计算;常用极限偏差来表示允许的尺寸变动范围,用于控制实际偏差。

4.**答** 尺寸公差是尺寸允许的变动量,它体现了设计对零件尺寸设计精度和加工精度的要求。尺寸公差是最大极限尺寸减去最小极限尺寸之差,也等于上偏差减去下偏差之差。

5.**答** 公差与偏差的主要区别在于:

(1)偏差可以为正值、负值或零,而公差则无正负之分,且不能为零。

(2)极限偏差用于限制实际偏差,而公差用于限制加工误差。

(3)极限偏差主要反映公差带的位置,影响零件配合的松紧程度,而公差代表公差带的大小,影响配合精度。

(4)从工艺上看,偏差取决于加工时机床的调整(如车削时进刀的位置),不反映加工的难易程度,而公差反映零件的制造精度。

6.**答** 基本偏差是用以确定尺寸公差带相对于零线位置的一个极限偏差(上偏差或下偏差)。公差带的大小由尺寸公差确定,公差带的位置由基本偏差确定。当进行精度设计时,为了完整地表述对尺寸的设计要求,必须同时给出确定公差带大小的尺寸公差和确定公差带位置的基本偏差。

基本偏差是公差带位置标准化的唯一指标,除 JS 和 js 及 k,K,M,N 以外,它与公差等级无关。

7.**答** 配合性质一般由配合种类、配合松紧程度和配合公差等决定。

8.**答** (1)无需同时变动两个配合件(孔、轴)的公差带,只需以其中一个作为基准件,使其公差带位置不变,通过改变另一个零件(非基准件)的公差带位置来形成各种配合,便可满足不同使用性能要求的配合,而且能简化公差带数量,达到良好的技术经济效益。

(2)配合制的选用与使用要求无关,主要应从结构、工艺性和经济性等几方面综合分析考虑,使所选的配合制能经济地加工制造出零件。

五、设计与计算题

1. 解

查标准公差数值表,对于 $\phi16$ mm,IT7=21 μm,IT6=13 μm。

查轴的基本偏差数值表,对于 $\phi16$ mm,m6,基本偏差(下偏差)为 $+8$ μm。

查孔的基本偏差数值表,对于 $\phi16$ mm,N7,基本偏差(上偏差)为 -7 μm。

$\phi30\ \dfrac{N7\left(^{-0.007}_{-0.028}\right)}{m6\left(^{+0.021}_{+0.008}\right)}$ 属于过盈配合。

最大过盈:　　　　　$\delta_{max}=-0.028-0.021=-0.049$ mm

最小过盈:　　　　　$\delta_{min}=-0.007-0.008=-0.015$ mm

配合公差:　　　　　$T_f=T_D+T_d=IT7+IT6=0.034$ mm

2. 解

$$T_D=|+0.142-0.080|=0.062\ \text{mm}$$
$$T_d=|0-(-0.039)|=0.039\ \text{mm}$$
$$T_f=T_D+T_d=0.062+0.039=0.101\ \text{mm}$$
$$S_{max}=+0.142-(-0.039)=+0.181\ \text{mm}$$
$$S_{min}=+0.080-0=+0.080\ \text{mm}$$

孔 $\phi45\left(^{+0.142}_{+0.080}\right)$ mm、轴 $\phi45\left(^{\ 0}_{-0.039}\right)$ mm 的尺寸公差带图如图 2-2-1 所示。

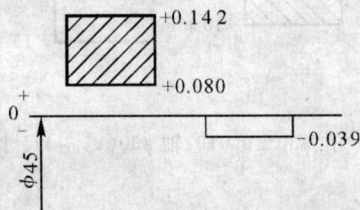

图 2-2-1　孔 $\phi45\left(^{+0.142}_{+0.080}\right)$ mm、轴 $\phi45\left(^{\ 0}_{-0.039}\right)$ mm 的尺寸公差带图

3. 解

假设该配合为间隙配合,根据

$$T_f=|S_{max}-S_{min}|=T_D+T_d$$

即　　　　　　　　　　$|+40-S_{min}|=30+20=50$

则　　　　　　　　　　　　$S_{min}=-10$ μm

即
$$\delta_{max} = -10 \ \mu m$$
采用基孔制。

孔 $\phi 60(^{+0.030}_{0})$ mm、轴 $\phi 60 \pm 0.010$ mm 的尺寸公差带图如图 $2-2-2$ 所示。

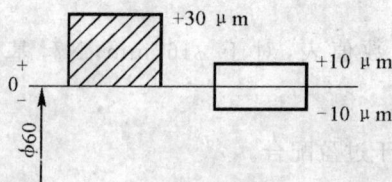

图 $2-2-2$ 孔 $\phi 60(^{+0.030}_{0})$、轴 $\phi 60 \pm 0.010$ 尺寸公差带图

故,孔的极限偏差为 $\phi 60(^{+0.030}_{0})$,轴的极限偏差为 $\phi 60 \pm 0.010$。

4. 解
$$T_f = |S_{max} - \delta_{max}| = |+23 - (-10)| = 33 \ \mu m$$
又由 $T_f = T_D + T_d$ 则:
$$T_d = T_f - T_D = 33 - 20 = 13 \ \mu m$$
故孔的极限偏差为 $\phi 30 \pm 0.010$,轴的极限偏差为 $\phi 30(^{0}_{-0.013})$。

孔 $\phi 30 \pm 0.010$、轴 $\phi 30(^{0}_{-0.013})$ 尺寸公差带图如图 $2-2-3$ 所示。

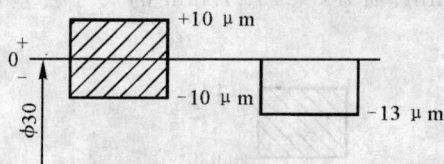

图 $2-2-3$ 孔 $\phi 30 \pm 0.010$、轴 $\phi 30(^{0}_{-0.013})$ 尺寸公差带图

5. 解

查标准公差数值表,得到轴 $\phi 10$ 的标准公差为 $IT8 = 22 \ \mu m$。有
$$T_f = |S_{max} - \delta_{max}| = |+0.007 - (-0.037)| = 0.044 \ mm$$
又由 $T_f = T_D + T_d$ 则
$$T_D = T_f - T_d = 0.044 - 0.022 = 0.022 \ mm$$
孔、轴的尺寸公差带图如图 $2-2-4$ 所示。

轴的极限偏差为 $\phi 10(^{0}_{-0.022})$,孔的极限偏差为 $\phi 10(^{-0.015}_{-0.037})$。

该配合是基轴制过渡配合。

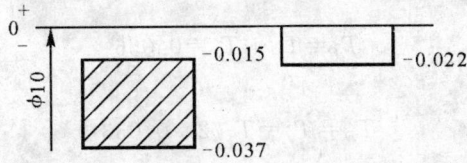

图 2-2-4　轴 $\phi10\left(^{\ 0}_{-0.022}\right)$、孔 $\phi10\left(^{-0.015}_{-0.037}\right)$ 尺寸公差带图

6.解

查标准公差数值表,对于 $\phi80$ mm,有 IT7＝30 μm,IT6＝19 μm。

查孔的基本偏差数值表,对于 $\phi80$ mm,S 的基本偏差为上偏差,ES＝ -0.048 mm。

故
$$\phi80\ \frac{S7\left(^{-0.048}_{-0.078}\right)}{h6\left(^{\ 0}_{-0.019}\right)}$$

可求得

$$\delta_{max}＝-0.078\ \text{mm},\quad \delta_{min}＝-0.029\ \text{mm},\quad T_f＝49\ \mu m$$

表 2-2-1　　　　　　　　　　　　　　　mm

公差带	基本偏差	标准公差	极限盈隙	配合公差	配合类型
$\phi80S7$	-0.048	0.030	-0.078	0.049	过盈配合
$\phi80h6$	0	0.019	-0.029		

7.解

表 2-2-2　　　　　　　　　　　　　　　mm

基本尺寸	孔			轴			S_{max} 或 δ_{min}	S_{min} 或 δ_{max}	T_f
	ES	EI	T_D	es	ei	T_d			
$\phi45$	-0.025	-0.050	0.025	0	-0.016	0.016	-0.009	-0.050	0.041

8.解

表 2-2-3　　　　　　　　　　　　　　　mm

组别	孔公差带	轴公差带	相同点	不同点
①	$\phi 20^{+0.021}_{0}$	$\phi 20^{-0.020}_{-0.033}$	孔公差带相同,轴公等级相同,T_f 相同。	间隙配合
②	$\phi 20^{+0.021}_{0}$	$\phi20\pm0.065$		过渡配合
③	$\phi 20^{+0.021}_{0}$	$\phi 20^{\ 0}_{-0.013}$		间隙配合

9. **解**

$$T_f = T_D + T_d = 0.066$$

根据题意，有

$$T_D = T_d = T_f/2 = 0.033$$

又由

$$T_f = \left| \delta_{max} - \delta_{min} \right| = \left| -0.081 - \delta_{min} \right| = 0.066 \text{ mm}$$

则

$$\delta_{min} = -0.015 \text{ mm}$$

选择基孔制，则配合为 $\phi 25^{+0.033}_{0} / \phi 25^{+0.081}_{+0.048}$。

$\dfrac{\phi 25^{+0.033}_{0}}{\phi 25^{+0.081}_{+0.048}}$ 的尺寸公差带图如图 2-2-5 所示。

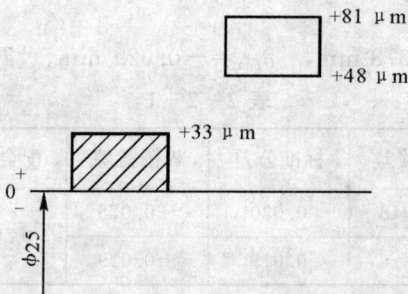

图 2-2-5　$\dfrac{\phi 25^{+0.033}_{0}}{\phi 25^{+0.081}_{+0.048}}$ 孔、轴的尺寸公差带图

该配合为过盈配合。

10. **解**

$$T_f = \left| S_{max} - S_{min} \right| = \left| +12 - (+50) \right| = 70 \text{ μm}$$

由 $\phi 45$ mm 查标准公差数值表，确定孔公差等级为 IT8(39 μm)，轴公差等级为 IT7(25 μm)。

优先选用基孔制。

画出尺寸公差带图，如图 2-2-6 所示。

由轴的基本偏差 -50 μm 查得，轴的基本偏差代号为 e。

所确定的配合为 $\phi 45$H8/e7。

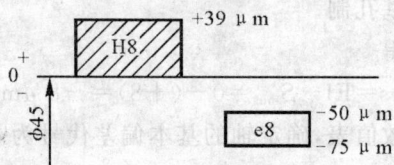

图 2 - 2 - 6 $\phi45H8/e7$ 尺寸公差带

11. 解

$$T_f = |S_{max} - \delta_{max}| = |+0.028 - (-0.024)| = 0.052 \text{ mm}$$

由 $\phi75$ mm 查标准公差数值表,确定孔公差等级为 IT7(30 μm),轴公差等级为 IT6(19 μm)。

优先选基孔制。

该配合为过渡配合。

由 $S_{max} = ES - ei$ 得

$$ei = ES - S_{max} = 30 - (+28) = +2 \ \mu m$$

查轴的基本偏差数值表,确定轴的基本偏差代号为 k,此时基本偏差值为 $+2 \ \mu m$。

故公差配合为 $\phi75H7(^{+0.030}_{0})/k6(^{+0.019}_{+0.002})$。

画出尺寸公差带图,如图 2 - 2 - 7 所示。

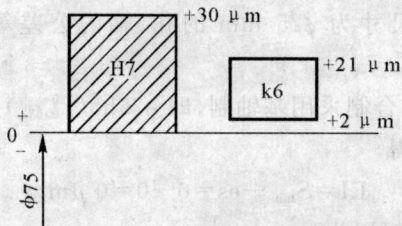

图 2 - 2 - 7 $\phi75H7/k6$ 尺寸公差带图

12. 解

此配合为间隙配合。

配合公差为

$$T_f = |S_{max} - S_{min}| = |(+51) - (+8)| = 43 \ \mu m$$

根据 $T_f = T_D + T_d$,并查标准公差数值表,确定基本尺寸为 $\phi50$ 的孔、轴的公差等级分别为 IT7,IT6。(IT7 = 25 μm,IT6 = 16 μm)

配合制优先采用基孔制。

由 $S_{min} = EI - es$ 得

$$es = EI - S_{min} = 0 - (+8) = -8 \ \mu m$$

查轴的基本偏差数值表,确定轴的基本偏差代号为 g,此时基本偏差值为 $-9 \ \mu m$。

故配合代号为 $\phi 50 H7(^{+0.025}_{0})/g6(^{-0.009}_{-0.025})$。

$\phi 50 H7/g6$ 的尺寸公差带图如图 2-2-8 所示。

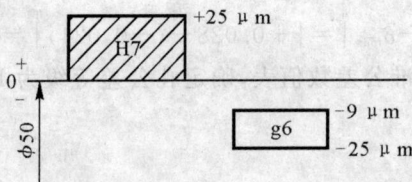

图 2-2-8 $\phi 50 H7/g6$ 的尺寸公差带图

13. 解

此配合为间隙配合。

配合公差为

$$T_f = |S_{max} - S_{min}| = |(+66) - 0| = 66 \ \mu m$$

根据已知条件,孔、轴取相同的公差等级,又由 $T_f = T_D + T_d$,并查标准公差数值表,确定基本尺寸为 $\phi 25 \ mm$ 的孔、轴的公差等级为 IT8。（IT8 = $33 \ \mu m$）

根据已知条件,配合制采用基轴制,即 $\phi 25 h8(^{0}_{-0.033})$。

由 $S_{min} = EI - es$ 得

$$EI = S_{min} + es = 0 - 0 = 0 \ \mu m$$

故配合代号为 $\phi 40 H8/h8$。

$\phi 40 H8/h8$ 的尺寸公差带图如图 2-2-9 所示。

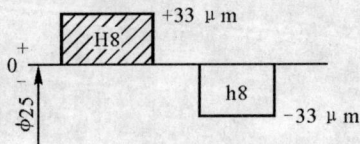

图 2-2-9 $\phi 40 H8/h8$ 的尺寸公差带图

14. **解**

根据已知条件，$\phi 30N7$ 的基本偏差为上偏差，$ES=-7\ \mu m$，则 $\phi 30N7$
$\binom{-0.007}{-0.028}$。

$\phi 30m6$ 的基本偏差为下偏差，$ei=+8\ \mu m$，则 $\phi 30m6\binom{+0.021}{+0.008}$。

$\phi 30N7/m6$ 的尺寸公差带图如图 $2-2-10$ 所示。

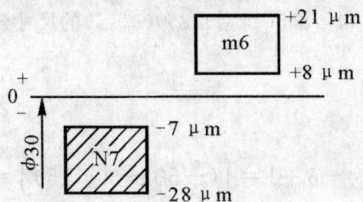

图 $2-2-10$　$\phi 30N7/m6$ 的尺寸公差带图

$\phi 30N7/m6$ 属于过盈配合，其的最大、最小过盈为

$$\delta_{max}=EI-es=(-28)-(+21)=-49\ \mu m$$

$$\delta_{min}=ES-ei=(-7)-(+8)=-15\ \mu m$$

配合公差为

$$T_f=T_D+T_d=21+13=34\ \mu m$$

15. **解**

由已知条件 $T_d=16\ \mu m$，则 $es=0\ \mu m$，$ei=-16\ \mu m$。

已知 $EI=-11\ \mu m$，根据 $S_{max}=ES-ei$，有

$$ES=S_{max}+ei=+30+(-16)=14\ \mu m$$

则配合公差为

$$T_f=T_d+T_D=T_d+|ES-EI|=41\ \mu m$$

16. **解**

配合公差为

$$T_f=|\delta_{max}-\delta_{min}|=|(-65)-(-35)|=30\ \mu m$$

由 $T_f=T_D+T_d$ 得

$$T_d=T_f-T_D=30-20=10\ \mu m$$

由 $\delta_{min}=ES-ei$ 得

$$ES=\delta_{min}+ei=-35+(-10)=-45\ \mu m$$

画出孔、轴的尺寸公差带图，如图 $2-2-11$ 所示。

故 $\phi 50\binom{-0.045}{-0.065}/\phi 50\binom{0}{-0.010}$。

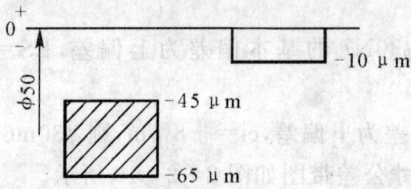

图 2-2-11 $\phi50(^{-0.045}_{-0.065})/\phi50(^{0}_{-0.010})$ 的尺寸公差带图

17. 解

配合公差为

$$T_f = |\delta_{max} - \delta_{min}| = |(-50)-(-15)| = 35 \ \mu m$$

由 $T_f = T_D + T_d$ 得

$$T_D = T_f - T_d = 35 - 20 = 15 \ \mu m$$

由 es=0，$T_d = 20 \ \mu m$，求得 ei=$-20 \ \mu m$。

由 δ_{min}=ES-ei 得

$$ES = \delta_{min} + ei = (-15)+(-20) = -35 \ \mu m$$

则可得 $\phi50(^{-0.035}_{-0.050})/\phi50(^{0}_{-0.020})$。

画出孔、轴的尺寸公差带图，如图 2-2-12 所示。

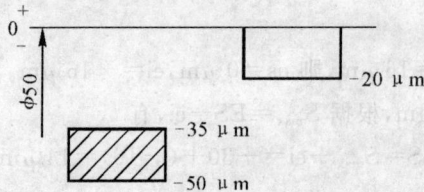

图 2-2-12 $\phi50(^{-0.035}_{-0.050})/\phi50(^{0}_{-0.020})$ 的尺寸公差带图

故 $$\phi50(^{-0.035}_{-0.055})/\phi50(^{0}_{-0.020})$$

18. 解

这批轴不是全部合格。

$\phi30k6$ 的标准公差为 IT6=0.013 mm，最大、最小极限尺寸为

$$d_{max} = \phi30.015 \ mm, \quad d_{min} = \phi30.002 \ mm$$

这批轴中实际尺寸小于 $\phi30.002$ mm 的不合格。

尺寸误差是指按照同一技术要求加工出来的一批零件实际尺寸的变动量，即这批零件中最大实际尺寸与最小实际尺寸之差。这批轴的尺寸误差为

$$\delta = \phi30.015 - \phi30.001 = \phi0.014 \ mm$$

19. **解**

(1)确定配合制。该配合属于中等尺寸,结构上无特殊要求,故优先选用基孔制。孔的基本偏差代号为 H。

(2)确定孔、轴的尺寸公差等级。由已知条件,求得该配合的配合公差值为

$$T_f = |\delta_{\max} - \delta_{\min}| = |(-0.095) - (-0.035)| = 0.060 \text{ mm}$$

由 $T_f = T_D + T_d$ 和工艺等价原则,并查标准公差数值表,得

$$T_D = 0.035 \text{ mm}, \quad T_d = 0.022 \text{ mm}$$

孔、轴的公差等级分别为 IT7,IT6。IT7=0.035 mm,IT6=0.022 mm。

(3)确定配合种类和配合性质。该配合属于基孔制过盈配合,由 $\delta_{\min} = \text{ES} - \text{ei}$ 得

$$\text{ei} = \text{ES} - \delta_{\min} = (+0.035) - (-0.035) = +0.070 \text{ mm}$$

查轴的基本偏差数值表得,轴的基本偏差代号为 s,其基本偏差值为

$$\text{ei} = +0.071 \text{ mm}。$$

故配合代号为 $\phi100\text{H7/s6}$。

(4)验算。$\phi100\text{H7/s6}$ 的极限偏差为 $\phi100\text{H7}(^{+0.035}_{0})$,$\phi100\text{s6}(^{+0.093}_{+0.071})$。

该孔、轴配合的极限过盈为

$$\delta_{\max} = \text{EI} - \text{es} = 0 - 0.093 = -0.093 \text{ mm}$$

$$\delta_{\min} = \text{ES} - \text{ei} = +0.035 - 0.071 = -0.036 \text{ mm}$$

所设计的极限过盈满足题目要求,说明尺寸精度及配合设计合理。

20. **解** 查标准公差数值表,对于 $\phi16$ mm、尺寸公差值为 11 μm,对应 IT6 级,对于 $\phi120$ mm、尺寸公差值为 15 μm,对应 IT5 级。可见,后者的加工精度高,加工更困难。

21. **解** 由已知条件,该轴的尺寸合格条件为 $\phi19.980 \leqslant d_a \leqslant \phi19.959$。显然,有局部实际尺寸超差,故此轴不合格。

22. **解**

由已知条件 $\phi90\text{H7}(^{+0.035}_{0})/\text{n6}(^{+0.045}_{+0.023})$ 可得

$$\text{IT6} = 0.022 \text{ mm}, \quad \text{IT7} = 0.035 \text{ mm}$$

则 $\phi90\text{H6}(^{+0.022}_{0})$,$\phi90\text{h7}(^{0}_{-0.035})$,$\phi90\text{h6}(^{0}_{-0.022})$。

根据已知条件及 Js,js 的特点,得 $\phi90\text{Js6}(\pm0.011)$,$\phi90\text{js7}(\pm0.017)$。

根据孔的基本偏差的换算规则,得 $\phi90\text{N7}(^{-0.010}_{-0.045})$。

第3章　几何公差

一、填空题

1. 轮廓,中心。

2. 单一,关联。

3. 对称度,同轴度,位置度,有基准的线轮廓度,面轮廓度。

4. 实际被测要素,形状,位置。

5. 一对同心圆环,一对同轴圆柱面。

6. 被测要素圆截面的圆度误差较小和被测要素的轴向长度较短。

7. 0.025。

8. 形状,浮动,固定。

9. 一对同心圆环之间的区域,圆度。

10. 最大实体边界,尺寸,几何。

11. 垂直度,平面度。

12. 实际尺寸,几何误差。

13. 大于,小于。

14. 模拟法;平板,V形块或顶尖,芯轴。

15. 最大实体,最大实体实效。

16. 实际尺寸、实际要素(几何误差)。

17. 圆度、同轴度。

18. 理论正确位置、方框。

19. 被测,基准。

20. $T_{形状} \leqslant T_{方向} \leqslant T_{位置}$。

二、选择题

1. B	2. C	3. A,B	4. A,B,D	5. B,C,E
6. A	7. D	8. B	9. C,E	10. C,D
11. A	12. A,D,E	13. C	14. B	15. D
16. A	17. C	18. D	19. B	20. B,C,D
21. D	22. A	23. D	24. B	25. B,C
26. B	27. C	28. A,B,C	29. D	30. B
31. D	32. A	33. D	34. C	35. A,C,E
36. B,D,E	37. A	38. A,D		

三、是非判断题

1. ×　2. √　3. ×　4. √　5. √　6. ×　7. √　8. ×

9. ×　10. √　11. ×　12. √　13. √　14. ×　15. √　16. √

17. √　18. ×　19. √　20. √　21. ×　22. √　23. ×　24. √

25. ×　26. ×　27. √　28. ×　29. √　30. ×　31. √　32. √

33. ×　34. √　35. ×　36. ×　37. √　38. √　39. √　40. ×

41. ×　42. √　43. ×　44. √　45. √　46. √　47. √　48. √

49. √　50. ×

四、简答题

1. 答　几何公差的研究对象是零件的几何要素。所谓几何要素指的是构成零件几何特征的点、线、面。几何要素可以根据不同的特征进行分类。按存在的状态可分为理想要素、实际要素；按几何特征可分为轮廓要素、中心要素；按检测时所处的地位可分为被测要素、基准要素；按功能关系可分为单一要素、关联要素。

2. 答　（1）中心要素、轮廓要素的标注。当被测要素为中心要素时，几何公差框格的指引线箭头应当严格与尺寸线对齐；当被测要素为轮廓要素时，公差框格的指引线箭头应当指在轮廓线或者轮廓线的延长线上，并且与尺寸线明显错开。

（2）几何公差框格指引线箭头的标注。指引线箭头不能随意指，应当指向表示测量和控制误差变化的方向。

（3）基准要素的标注。基准要素的标注与被测要素相似。基准要素代号由写有大写字母（基准字母）的小圆圈用细实线与基准符号相连而成。

（4）多个几何公差框格的标注。当同一个被测要素有不同的几何公差要求时，可以将这些框格排列在一起，并且用一根指引线指向被测要素。

（5）当被测要素为单一要素的轴线或几个要素的公共轴线、公共中心平面时，指引线箭头可以直接指在轴线、公共轴线或公共中心平面上。

3. 答　独立原则是指图样上所给定的尺寸公差和几何公差要求都是相互独立、彼此无关的，应分别满足各自的要求。当采用独立原则时，应在图样或技术文件中注明："公差原则按 GB/T4249—2009"，对于尺寸公差和几何公差则无需任何附加标注。

4. 答　采用包容要求的实际要素应遵守最大实体边界，即其体外作用尺寸不超出最大实体尺寸，且局部实际尺寸不超出最小实体尺寸。包容要求只适用于单一要素。采用包容要求的被测要素，应在其尺寸极限偏差或公差带代号后加注符号"Ⓟ"。

5. 答 最大实体要求是指被测要素的实际轮廓遵守其最大实体实效边界的一种公差要求。当被测要素的实际尺寸偏离最大实体尺寸时,其几何误差允许超出图样上所给定的公差值。最大实体要求对被测要素和基准要素均适用。当最大实体要求用于被测要素时,应在给定的公差值后标注符号Ⓜ。当最大实体要求用于基准要素时,应在相应的基准字母代号后标注符号Ⓜ。

6. 答 圆柱度公差带与径向全跳动公差带的相同点:公差带的形状相同。圆柱度公差带与径向全跳动公差带的不同点:公差带的方向、位置不同。

7. 答 已知被测要素圆截面的圆度误差较小,而且被测要素的轴向长度较短。

8. 答 根据被测要素的功能和结构特征不同,几何公差带的组成要素有大小、形状、方向和位置。

五、计算与说明题

1. 解

该轴的公差要求如图 2-3-1 所示。

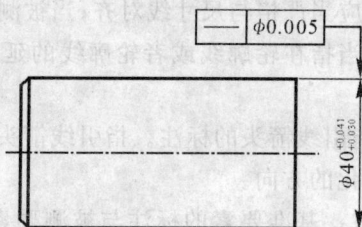

图 2-3-1

(1)最大实体尺寸:$d_M = \phi 40.041$ mm。

(2)最大实体实效尺寸:

$$d_{MV} = d_M + \phi T_- = \phi 40.041 + \phi 0.005 = \phi 40.046 \text{ mm}$$

(3)所允许的轴线直线度误差最大值。

当轴处于最小实体尺寸 $d_L = \phi 40.030$ mm 时,所允许的轴线直线度误差最大,即

$$f_{-\max} = \phi t_- + |d_L - d_M| = \phi 0.005 + |\phi 40.030 - \phi 40.041| = \phi 0.016 \text{ mm}$$

2. 解 对 $\phi 40^{+0.041}_{+0.030}$ 轴,最大实体尺寸为

$$d_M = \phi 40.041 \text{ mm}$$

$\phi 40^{+0.041}_{+0.030}$Ⓔ表示该轴几何公差与尺寸公差之间的关系遵守包容要求。

当实际尺寸(直径)为 $\phi40.035$ mm 时,允许的轴线直线度误差为

$$f_- = |\phi40.035 - \phi40.041| = \phi0.006 \text{ mm}$$

该轴允许的轴线直线度误差最大值为

$$f_{-\max} = |d_L - d_M| = |\phi40.030 - \phi40.041| = \phi0.011 \text{ mm}$$

3.解

表 2 - 3 - 1   mm

图例	采用公差原则(要求)	边界及边界尺寸	给定的几何公差值	可能允许的几何误差最大值
(a)	独立原则	无	$\phi0.003$	$\phi0.003$
(b)	包容要求	$d_M = \phi20$	$\phi0.02$	$\phi0.041$
(c)	最大实体要求	$d_{MV} = \phi19.995$	$\phi0.005$	$\phi0.026$

4.**解** 三种几何公差带的不同点:公差带的形状不同。

如图 1 - 3 - 2(a)所示圆柱面素线直线度,公差带为宽度等于 0.02 mm 的一对平行平面之间的区域。

如图 1 - 3 - 2(b)所示圆柱面轴线直线度,公差带为直径等于 $\phi0.02$ mm 的小圆柱内的区域。

如图 1 - 3 - 2(c)所示圆柱面的一条素线与相对的另一条素线 A 的平行度,公差带为与基准素线 A 平行、距离等于 0.02 mm 的一对平行平面之间的区域。

5.**解** 两种孔的几何公差标注的相同点:都属于几何公差。

两种孔的几何公差标注的不同点:

(1)垂直度属于方向公差,而位置度属于位置公差。

(2)公差带形状不同。垂直度公差带的形状为与基准平面 A 垂直、直径等于 $\phi0.05$ 的小圆柱面内的区域,而位置度公差带的形状为直径等于 $\phi0.05$ 的小圆柱面内的区域,该小圆柱的轴线的理想位置由基准面 A,B,C 以及理论正确尺寸 $\boxed{50}$ $\boxed{20}$ 确定。

(3)控制效果不同。垂直度公差只能控制 $\phi20$H7 轴线是否相对于基准平面 A 的垂直度误差变化,而位置度公差则可以控制 $\phi20$H7 轴线相对于基准平面 A,B 和 C 的位置变化。

6.**解**

(1)$\phi30_{0}^{+0.052}$孔的轴线的同轴度公差与尺寸公差之间的关系采用相关原

则之最大实体要求。

(2)被测要素即 $\phi 30^{+0.052}_{0}$ mm 孔的轴线的同轴度公差是在当孔的实际尺寸为 $\phi 30$ mm（最大实体尺寸），而且轴线的同轴度误差等于公差值 $\phi 0.025$ mm，以及基准孔处于最大实体尺寸 $\phi 20$ mm 的状态下给定的。

(3)此时同轴度允许的最大误差值为

$$f_{max} = T_{同轴度} + |\phi 30.021 - \phi 30| + |\phi 20.013 - \phi 20| + T_{直线度} =$$
$$\phi 0.025 + \phi 0.021 + \phi 0.013 + \phi 0.030 = \phi 0.089 \text{ mm}$$

7. 解 同轴度公差属于几何公差中的位置公差，同轴度误差的最小区域是与基准轴线 A 同轴的圆柱面，圆柱面的直径即为同轴度误差的数值。

同轴度误差的数值为

$$f = 2 \times 0.03 = 0.06 \text{ mm}$$

根据已知条件，该零件的同轴度公差值为 $\phi 0.05$ mm，故该零件的同轴度不合格。

六、标注与改错题

1. 答 如图 2-3-2 所示。

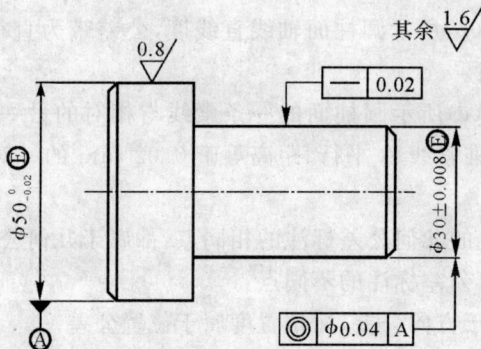

图 2-3-2

2.**答** 如图 2 - 3 - 3 所示。

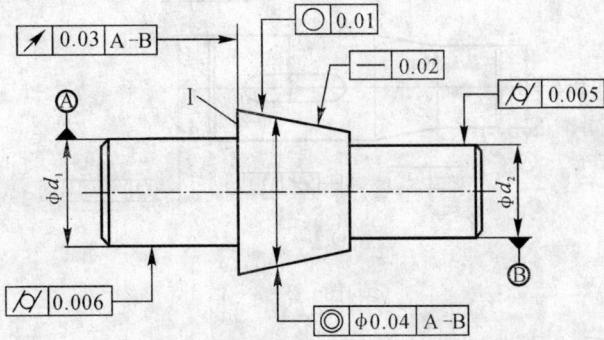

图 2 - 3 - 3

3.**答** 如图 2 - 3 - 4(a)～(e)所示。

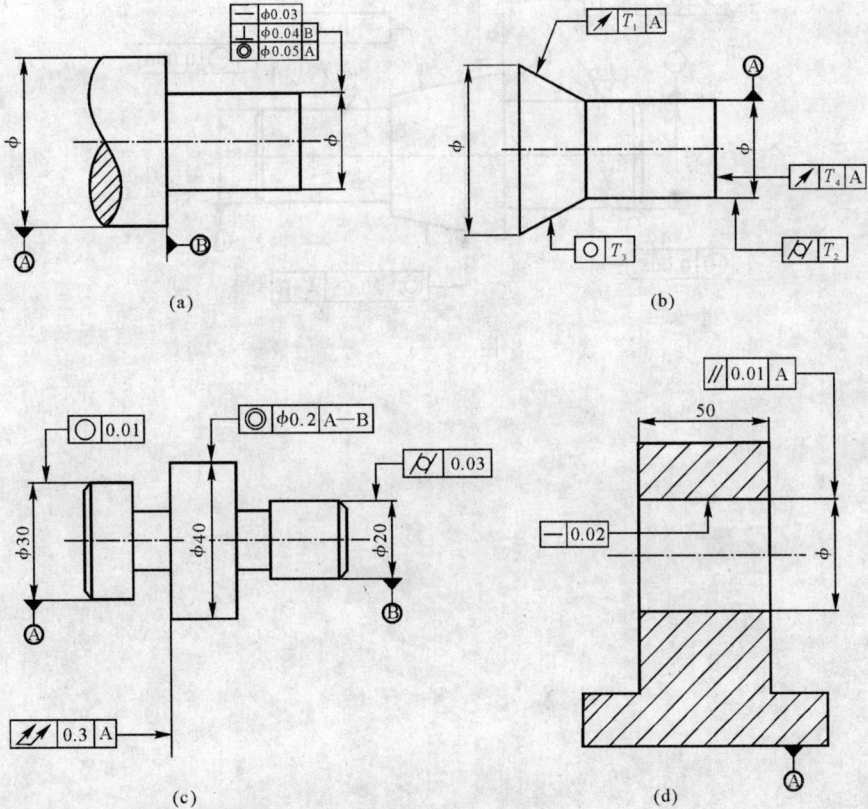

(a)

(b)

(c)

(d)

图 2 - 3 - 4

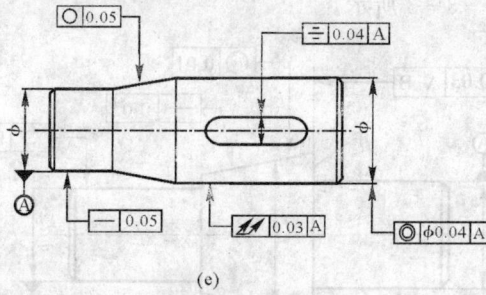

(e)

(续)图 2-3-4

4.答 如图 2-3-5 所示。

其余 $\sqrt{\dfrac{6.4}{}}$

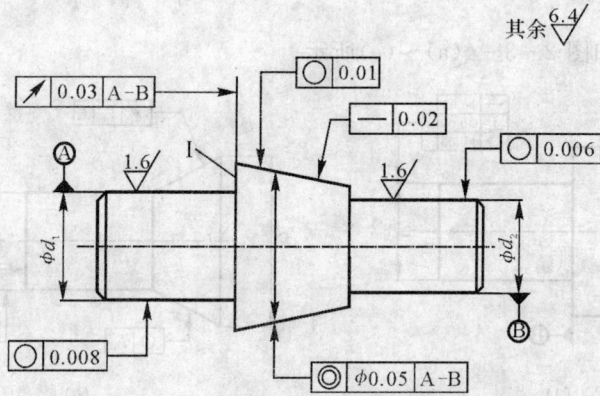

图 2-3-5

5.**答**　如图 2-3-6 所示。

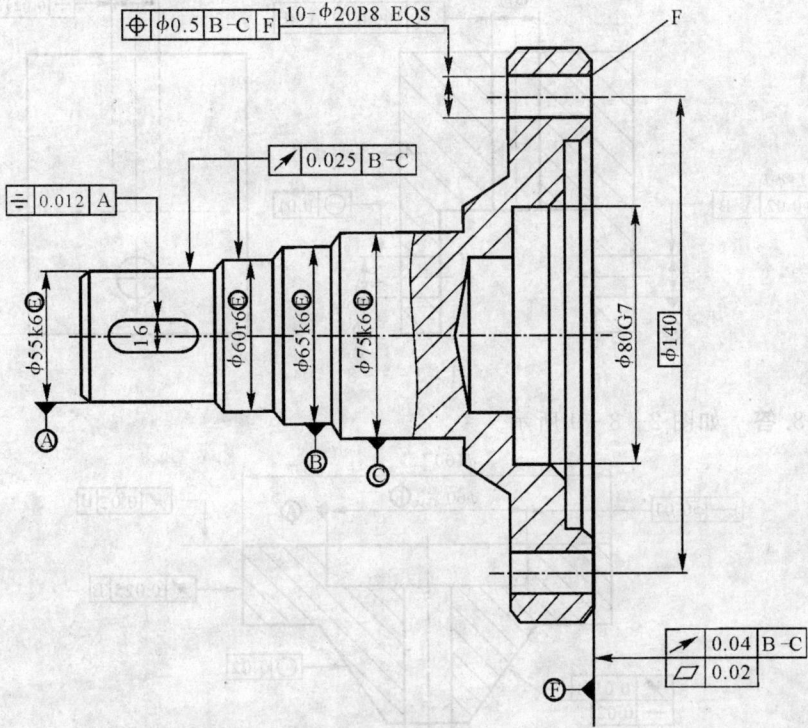

图　2-3-6

6.**答**　如图 2-3-7 所示。

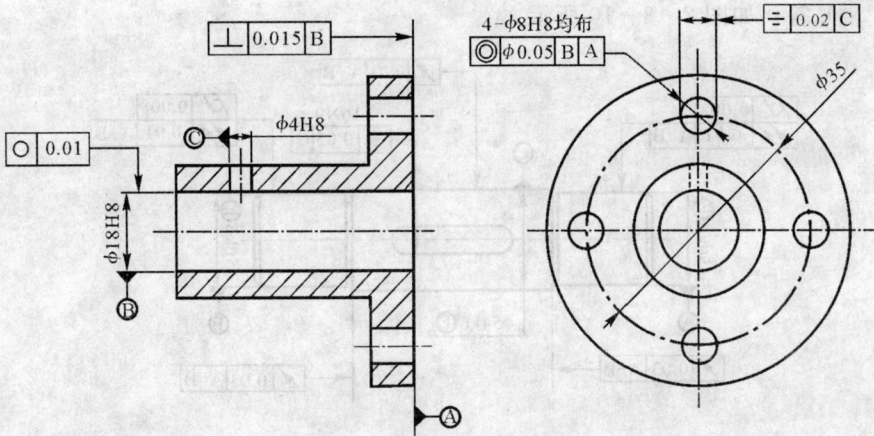

图　2-3-7

7.答 如图 2 - 3 - 8 所示。

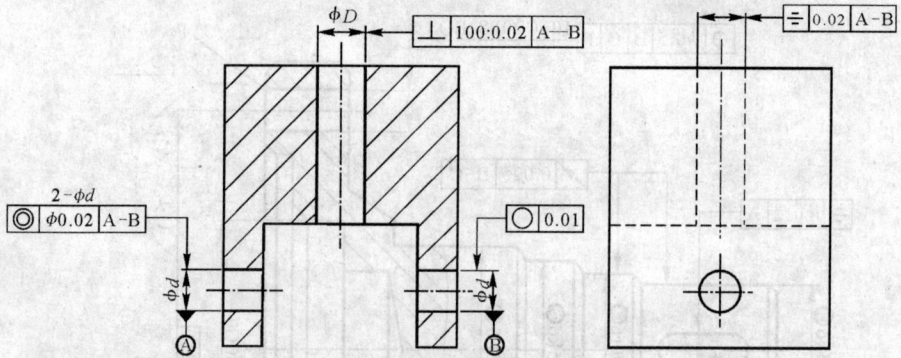

图 2 - 3 - 8

8.答 如图 2 - 3 - 9 所示。

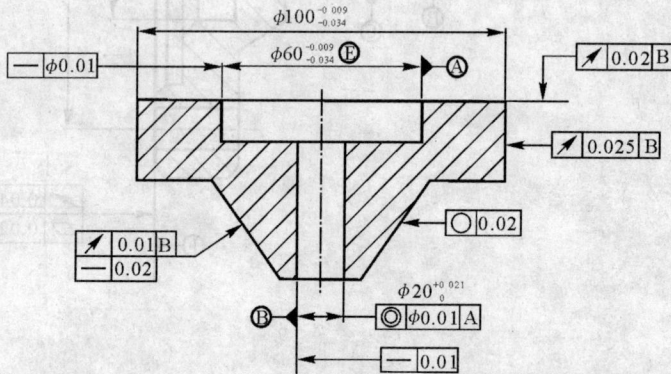

图 2 - 3 - 9

9.答 如图 2 - 3 - 10 所示。

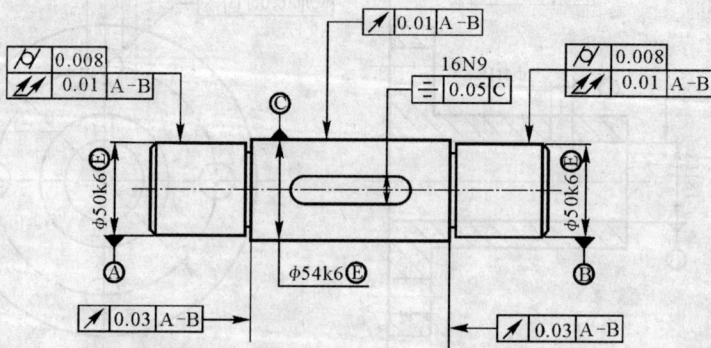

图 2 - 3 - 10

10.**答**　如图 2-3-11 所示。

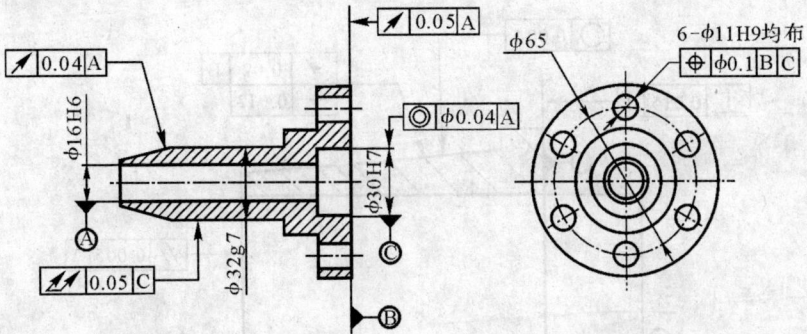

图　2-3-11

11.**答**　如图 2-3-12 所示。

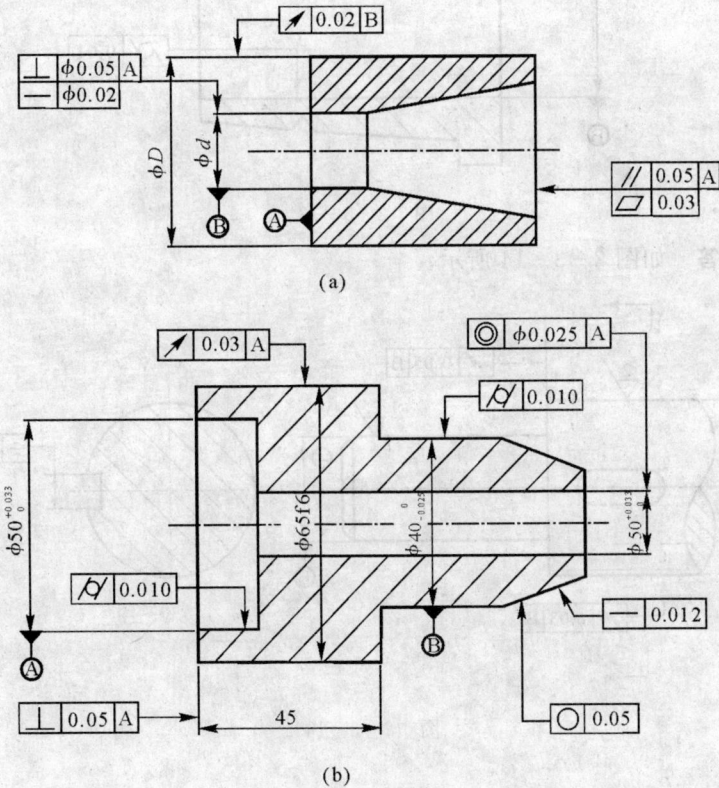

(a)

(b)

图　2-3-12

12.**答** 如图 2 - 3 - 13 所示。

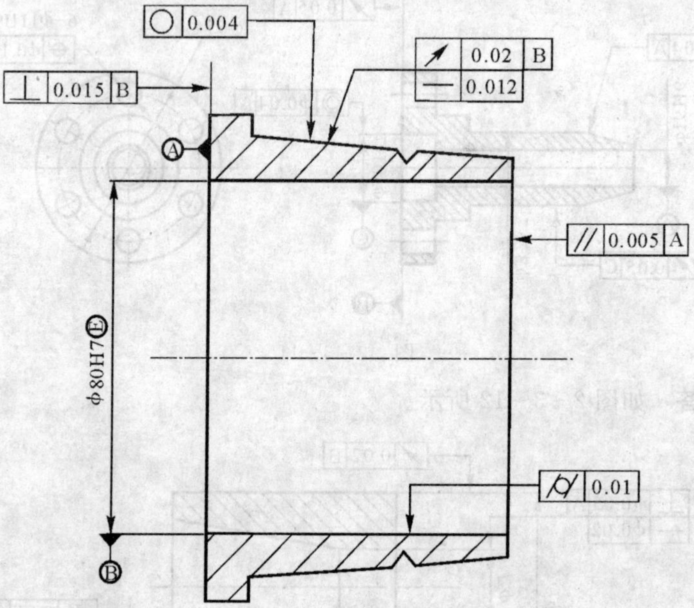

图 2 - 3 - 13

13.**答** 如图 2 - 3 - 14 所示。

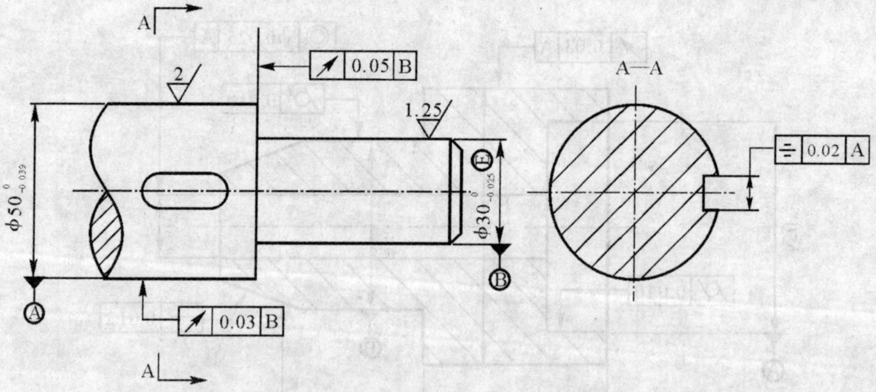

图 2 - 3 - 14

14.**答** 如图 2-3-15 所示。

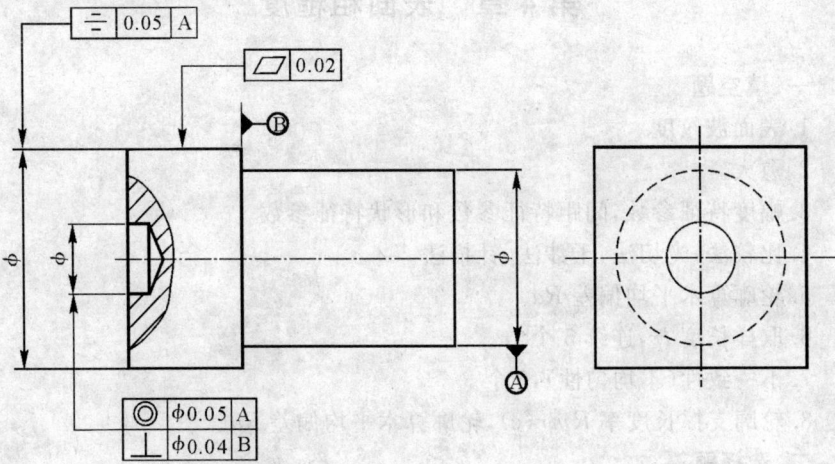

图 2-3-15

15.**答** 如图 2-3-16 所示。

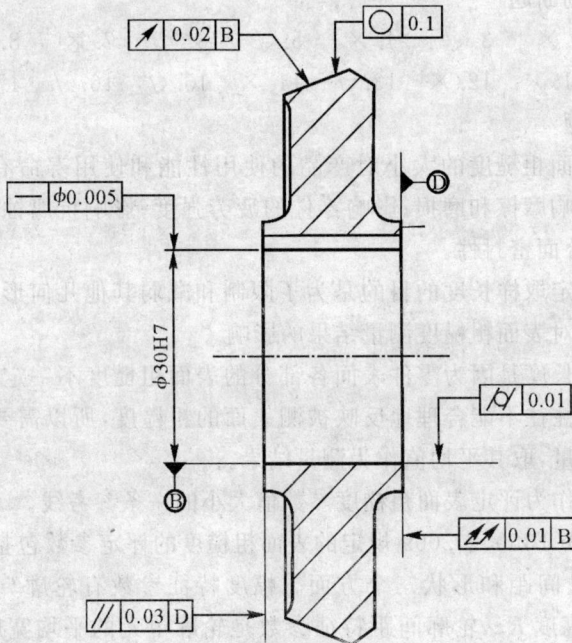

φ30H7

图 2-3-16

第4章　表面粗糙度

一、填空题

1. 表面波纹度。

2. 愈大。

3. 幅度特征参数,间距特征参数和形状特征参数。

4. 比较法,光切法,干涉法,针描法。

5. 轮廓算术平均偏差 Ra。

6. 取样长度 lr,连续 5 个 lr。

7. 不一致性(不均匀性),5 个。

8. 轮廓支撑长度率 $Rmr(c)$,轮廓算术平均偏差 Ra。

二、选择题

1. A　　　2. A,C　　　3. B　　　4. D　　　5. C

6. B,C,D　7. A　　　8. D

三、是非判断题

1. √　2. ×　3. √　4. ×　5. √　6. ×　7. ×　8. ×　9. ×

10. √　11. ×　12. ×　13. √　14. ×　15. √　16. √　17. ×

四、简答题

1. **答**　表面粗糙度的大小对产品的使用性能和使用寿命有着很大的影响,主要有:影响摩擦和磨损;影响零件的疲劳强度;影响抗腐蚀性;影响配合性质;影响结合面密封性。

2. **答**　规定取样长度的目的是为了限制和减弱其他几何形状误差,特别是表面波纹度对表面粗糙度测量结果的影响。

规定评定长度是因为零件表面各部分的表面粗糙度不一定很均匀,在一个取样长度上往往不能合理地反映被测表面的粗糙度,所以需要在几个取样长度上分别测量,取其平均值作为测量结果。

基准线是作为评定表面粗糙度参数值大小的一条参考线。

3. **答**　GB/T3505—2009 规定的表面粗糙度的评定参数包括表面微观几何形状的幅度、间距和形状三个方面。幅度特征参数有轮廓算术平均偏差 Ra,轮廓最大高度 Rz,轮廓间距特征参数是轮廓单元的平均宽度 Rsm,轮廓形状特征参数是轮廓的支承长度率 $Rmr(c)$。

幅度特征参数是评定表面粗糙度的基本参数,而间距特征参数和形状特征参数是附加参数。

4.**答** 在满足零件表面功能要求的前提下,尽量选用较大的表面粗糙度评定参数允许值,以减少加工难度,降低生产成本。

(1)同一零件上,工作表面的表面粗糙度要求应高于非工作表面。

(2)摩擦表面的表面粗糙度要求应高于非摩擦表面,滚动摩擦表面的表面粗糙度要求应高于滑动摩擦表面。

(3)承受交变载荷的表面及容易引起应力集中部位(如圆角、沟槽等)的表面粗糙度要求应高一些。

(4)配合精度要求高的配合表面(小间隙的配合表面)及受重载荷作用的过盈配合表面的表面粗糙度要求应高一些。

(5)密封性、防腐性要求高的表面或外形美观的表面的表面粗糙度要求高。

5.**答** 零件表面尤其是配合表面的表面粗糙度应与尺寸公差及形状公差相协调。一般尺寸与形状公差要求越严,表面粗糙度要求应当越高。同一公差等级的零件,小尺寸比大尺寸、轴比孔的表面粗糙度要求高。

6.**答** 圆柱度公差值为 0.01 mm 的孔。

五、标注题

1.**答** 如图 2-4-1 所示。

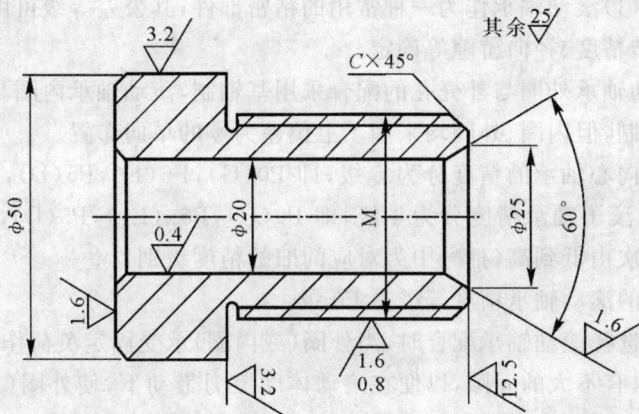

图 2-4-1

第5章　滚动轴承公差与配合

一、填空题

1.基孔制,基轴制。

2.-0.002 mm,-0.015 mm。

3.载荷类型,载荷大小。

4.较松,较紧。

5.尺寸公差,旋转精度,径向游隙。

6.过盈,太大。

7.冲击,过盈量。

二、选择题

| 1. C,D | 2. A,C,E | 3. B | 4. D | 5. A | 6. A |

7. A,B　　8. D　　　9. A,D,E　10. C　　11. A,B,D,E

12. B　　13. A,B,D　14. A,D

三、是非判断题

1.√　2.×　3.×　4.×　5.√　6.√　7.×　8.×　9.√　10.√

四、简答题

1.答　(1)滚动轴承作为一种常用的精密部件,其公差等级可由轴承的尺寸精度、旋转精度、径向游隙等确定。

(2)滚动轴承外圈与外壳孔的配合采用基轴制,滚动轴承内圈与轴颈的配合采用基孔制,但内圈、外圈均采用了上偏差为零的单向布置。

2.答　向心轴承的精度分为 5 级,即 P0(G),P6(E),P5(D),P4(C),P2(B)级;圆锥滚子轴承精度分为 4 级,即 P0(G),P6x(E$_x$),P5(D),P4(C)级。精度等级依次由低到高(括号中为对应的旧的精度级别)。

最常用的滚动轴承精度等级是 P0 级。

3.答　选择滚动轴承配合时,当外圈(或内圈)承受固定负荷作用时,配合应稍松,可以有不大的间隙,以便在滚动体摩擦力带动下,使外圈(或内圈)相对于外壳孔(或轴颈)表面偶尔有游动的可能,从而消除滚道的局部磨损,装拆也较方便。一般可选过渡配合或间隙配合。

当内圈(外圈)承受旋转负荷时,为了防止内圈(外圈)相对于轴颈(外壳孔)打滑,引起配合表面磨损、发热,内圈与轴颈(外壳孔)的配合应较紧,一般选用过渡配合或过盈配合。

受摆动负荷的内圈与轴颈(外圈与外壳孔)的配合,一般与受旋转负荷的相同或稍松。

4.答　主要理由:滚动轴承内、外圈为薄壁零件,当轴颈和外壳孔存在较大的圆柱度误差时,将使轴承套圈滚道产生变形,使得轴承在旋转中产生振动和噪声,影响运动精度,降低工作质量,造成局部磨损。

五、计算与说明题

1.解　$P=5\ 000\ N\geqslant0.07C,P=5\ 000\ N\leqslant0.15C$,故为正常负荷。

查《机械精度设计与检测》表 5-4(向心轴承和外壳孔的配合　孔公差带代号),与向心轴承外圈配合的外壳孔的尺寸公差带选 H7。

查《机械精度设计与检测》表 5-5(向心轴承和轴的配合　轴公差带代号),与向心轴承内圈配合的轴的尺寸公差带选 m5。

2.解

查教材《机械精度设计与检测》表 5-1、表 5-2(向心轴承内、外圈极限偏差和公差值)得,滚动轴承 G210 内圈内径的上偏差为 0,下偏差为 $-10\ \mu m$;滚动轴承 G210 外圈外径的上偏差为 0,下偏差为 $-15\ \mu m$。

与滚动轴承 G210 内圈内径配合的轴颈的公差带为 $\phi50k5$,查轴的极限偏差数值表得,$\phi50k5(^{+0.013}_{+0.002})$。

与滚动轴承 G210 外圈外径配合的外壳孔的公差带为 $\phi50J6$,查孔的极限偏差数值表得,$\phi50J6(^{+0.010}_{-0.006})$。

滚动轴承 G210 配合的尺寸公差带如图 2-5-1(a)(b)所示。

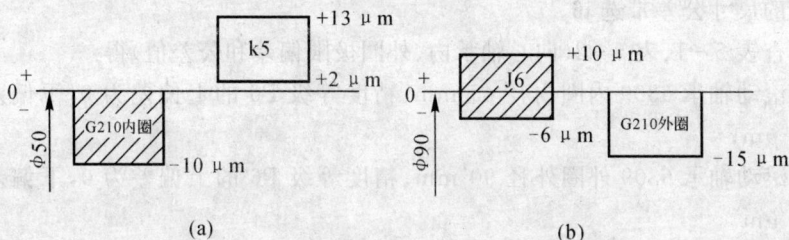

图 2-5-1　滚动轴承 G210 配合的尺寸公差带

3.解　查教材《机械精度设计与检测》中表 5-1、表 5-2(向心轴承内、外圈极限偏差和公差值)得,

滚动轴承 6309 内圈内径 45 mm、精度等级 P6 的上偏差为 0,下偏差为 $-10\ \mu m$;

滚动轴承 6309 外圈外径 100 mm、精度等级 P6 的上偏差为 0,下偏差为 -13 μm。

查表得与滚动轴承 6309 内圈内径 45 mm 配合的轴颈公差 $\phi 45 j5 \left(^{+0.006}_{-0.005} \right)$。

查表得与滚动轴承 6309 外圈外径 100 mm 配合的外壳孔公差 $\phi 100 H6$ $\left(^{+0.022}_{0} \right)$。

滚动轴承与轴颈及外壳孔配合的孔、轴尺寸公差带图(略)。

4.解

查表得,轴颈尺寸公差带为 $\phi 40 j6 \left(^{+0.011}_{-0.005} \right)$,壳体孔尺寸公差带为 $\phi 90 JS7$ (± 0.017)。

滚动轴承内圈内径 $\phi 40 \left(^{0}_{-0.010} \right)$ 与轴颈 $\phi 40 j6 \left(^{+0.011}_{-0.005} \right)$ 形成过渡配合,最大间隙为 $+0.005$ mm,最大过盈为 -0.021 mm。

滚动轴承外圈外径 $\phi 90 \left(^{0}_{-0.013} \right)$ 与壳体孔 $\phi 90 JS7 (\pm 0.017)$ 形成过渡配合。

滚动轴承与轴颈及外壳孔配合的孔、轴尺寸公差带图(略)。

5.解

由已知条件 $C = 18\ 100$ N,$P = 2\ 000$ N,$P/C = 0.011$,则该滚动轴承承受轻负荷。

查表 5-4(向心轴承和外壳孔的配合 孔公差带代号),与向心轴承外圈配合的外壳孔的尺寸公差带选 H7。

查表 5-5(向心轴承和轴的配合 轴公差带代号),与向心轴承内圈配合的轴的尺寸公差带选 j6。

查表 5-1、表 5-2(向心轴承内、外圈极限偏差和公差值)得:

滚动轴承 6309 内圈内径 45 mm、精度等级 P6 的上偏差为 0,下偏差为 -10 μm;

滚动轴承 6309 外圈外径 90 mm、精度等级 P6 的上偏差为 0,下偏差为 -13 μm。

故滚动轴承内圈内径 $\phi 45 \left(^{0}_{-0.010} \right)$ 与轴颈 $\phi 45 j6 \left(^{+0.011}_{-0.005} \right)$ 形成过渡配合,滚动轴承外圈外径 $\phi 90 \left(^{0}_{-0.013} \right)$ 与壳体孔 $\phi 90 H7 \left(^{+0.035}_{0} \right)$ 形成过盈配合。

查表得与滚动轴承配合的轴颈的圆柱度、端面圆跳动分别为 2.5 μm,8 μm,壳体孔的圆柱度、端面圆跳动分别为 6 μm,15 μm。

查表得与滚动轴承配合的轴颈表面的表面粗糙度参数 $Ra = 0.8$ μm(磨削),轴肩端面 $Ra = 3.2$ μm(磨削);壳体孔表面的表面粗糙度参数 $Ra = 1.6$ μm(磨削),壳体孔肩端面 $Ra = 15$ μm(磨削)。

滚动轴承与轴颈、壳体孔的有关技术要求在图样上的标注如图 2-5-2
(a)(b)(c)所示。

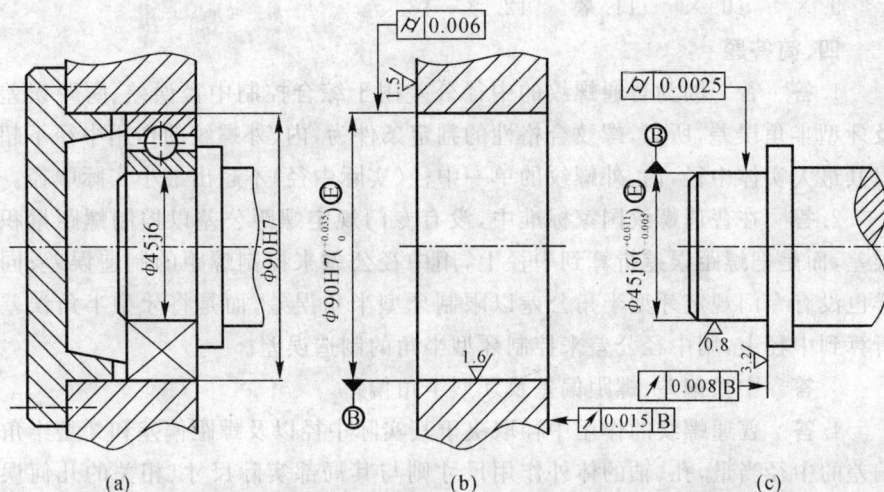

图　2-5-2

第 6 章　普通螺纹连接的精度设计

一、填空题

1. 公制粗牙,顶径公差带。

2. 中径、顶径,中径。

3. 公差等级,旋合长度。

4. 不小于(大于等于)。

5. G,H;e,f,g,h。

6. 作用,实际(单一),中径极限。

7. e,f,g,h;G,H。

二、选择题

1. A	2. A,B	3. A	4. C	5. A,B,C,D
6. C,D	7. A,D,E	8. B,C	9. B,D,E	10. A
11. B,D,F	12. A,D			

三、是非判断题

1. √   2. √   3. ×   4. √   5. √   6. ×   7. √   8. ×

9. ×   10. ×   11. ×   12. √   13. √

四、简答题

1. 答 否。因为普通螺纹的中径公差用于综合控制中径误差、螺距误差及牙型半角误差,所以,螺纹合格性的判定条件为,内、外螺纹的作用中径不超出其最大实体中径,内、外螺纹的单一中径(实际中径)不超出最小实际中径。

2. 答 在普通螺纹国家标准中,没有专门规定螺距公差以控制螺距累积误差,而是把螺距误差折算到中径上,用中径公差来控制螺距的制造误差;同样也没有专门规定牙型半角公差以限制牙型半角误差,而是将牙型半角误差折算到中径上,用中径公差来控制牙型半角的制造误差。

3. 答 中径偏差、螺距偏差及牙型半角偏差。

4. 答 普通螺纹的作用中径取决于其实际中径以及螺距偏差和牙型半角偏差的中径当量,孔、轴的体外作用尺寸则与其局部实际尺寸、相关的几何误差有关。

五、计算与说明题

1. 解

根据已知条件,大径 $d=24$ mm,螺距 $P=2$ mm。

查教材《机械精度设计与检测》中附表 $3-1$(普通螺纹直径与螺距系列)得, $d_2=22.701$ mm。

查教材《机械精度设计与检测》中附表 $3-2$(外螺纹中径公差)、附表 $3-4$(内、外螺纹基本偏差)得中径公差 $Td_2=170$ μm,则 es$=0$,ei$=-170$ μm。

$$d_{2max}=22.701, \quad d_{2min}=22.701-0.170=22.531 \text{ mm}$$

查教材《机械精度设计与检测》中附表 $3-5$(外螺纹大径公差)得大径公差 $T_d=280$ μm,则 es$=0$,ei$=-280$ μm。

$$d_{max}=24 \text{ mm}, \quad d_{min}=24-0.280=23.72 \text{ mm}$$

M24×2$-$6h 中径及外径的尺寸公差带如图 $2-6-1$ 所示。

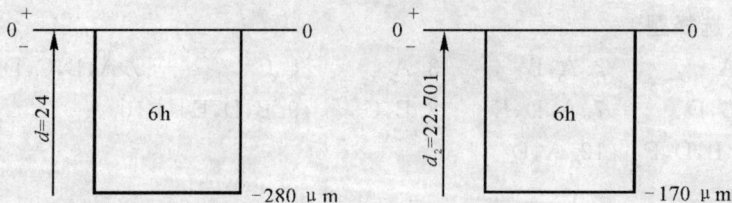

图 $2-6-1$ M24×2$-$6h 中径及外径的尺寸公差带

2.**解**

对 M16-6g,$d=16$ mm,粗牙螺纹,$P=2$ mm。

查教材《机械精度设计与检测》中附表 3-1(普通螺纹直径与螺距系列)得,$d_2=14.701$ mm。

查附表 3-2(外螺纹中径公差)、附表 3-4(内、外螺纹基本偏差)得,中径公差 $Td_2=160\ \mu m$,则 es$=-38\ \mu m$,ei$=-198\ \mu m$。

$$d_{2max}=14.663 \text{ mm}, \quad d_{2min}=14.503 \text{ mm}$$

外螺纹螺距误差的中径当量为

$$f_P=1.732|\Delta P_\Sigma|=1.732\times 35=60.62\ \mu m=0.061 \text{ mm}$$

外螺纹牙型半角误差的中径当量为

$$f_{\alpha/2}=0.073P\left(K_1\left|\Delta\frac{\alpha_1}{2}\right|+K_2\left|\Delta\frac{\alpha_2}{2}\right|\right)=0.073\times(3\times|-50|+2\times 40)=$$

$$16.79\ \mu m=0.017 \text{ mm}$$

则作用中径为

$$d_{2m}=d_{2a}+(f_P+f_{\alpha/2})=14.6+(0.061+0.017)=14.678 \text{ mm}>d_{2max}$$

故该螺栓中径不合格,但是可以通过减小实际中径(即单一中径)进行修复。

3.**解** 由已知条件 M12×1.5-6H/6g 可知,大径 $d=12$ mm,螺距 $P=1.5$ mm。

查附表 3-1(普通螺纹直径与螺距系列)得,$D_2=d_2=11.026$ mm。

查附表 3-2(外螺纹中径公差)得外螺纹中径公差 $T_{d_2}=140\ \mu m$。查附表 3-4(内、外螺纹基本偏差)则 es$=-0.032$,ei$=-0.172$。则对 M12×1.5-6g:$d_{2max}=10.994$,$d_{2min}=10.584$。

查附表 3-3(内螺纹中径公差)得内螺纹中径公差 $T_{D_2}=190$ mm。则对 M12×1.5-6H:$D_{2max}=11.026$ mm,$D_{2min}=10.836$ mm。

对外螺纹:

外螺纹螺距误差的中径当量为

$$f_P=1.732|\Delta P_\Sigma|=1.732\times 40=69.28\ \mu m=0.069 \text{ mm}$$

外螺纹牙型半角误差的中径当量为

$$f_{\alpha/2}=0.073P\left(K_1\left|\Delta\frac{\alpha_1}{2}\right|+K_2\left|\Delta\frac{\alpha_2}{2}\right|\right)=$$

$$0.073\times(3\times|-40|+2\times|-60|)=17.52\ \mu m=0.018 \text{ mm}$$

则外螺纹的作用中径为

$$d_{2m}=d_{2a}+(f_P+f_{\alpha/2})=11.008+(0.069+0.018)=11.095 \text{ mm}>d_{2max}$$

故此外螺纹不合格。

对内螺纹：

内螺纹螺距误差的中径当量为

$$f_P=1.732\left|\Delta P_{\Sigma}\right|=1.732\times30=51.96 \ \mu\text{m}=0.052 \text{ mm}$$

内螺纹牙型半角误差的中径当量为

$$f_{\alpha/2}=0.073P\left(K_1\left|\Delta \frac{\alpha_1}{2}\right|+K_2\left|\Delta \frac{\alpha_2}{2}\right|\right)=$$

$$0.073\times(3\times|-70|+2\times|-90|)=28.47 \ \mu\text{m}=0.028 \text{ mm}$$

则内螺纹的作用中径为

$$D_{2m}=D_{2a}-(f_P+f_{\alpha/2})=11.105-(0.052+0.028)=10.935 \text{ mm}>D_{2min}$$

故此内螺纹合格。

显然，由于外螺纹作用中径偏大，故内、外螺纹不能自由旋合。

第7章 键与花键的公差配合

一、填空题

1. 较松连接，一般连接，较紧连接。

2. 基轴，键是标准件。

3. 小径定心，基孔制。

4. 标准，基轴制，键宽、键槽宽。

5. 对称度，等分度。

6. 最大实体要求。

7. 拉刀、量具数量，基孔。

8. 键侧面。

二、选择题

1. A　　2. B　　3. A　　4. C　　5. D　　6. B　　7. A　　8. C　　9. B　　10. D

三、是非判断题

1. √　2. √　3. √　4. √　5. ×　6. √　7. ×　8. ×　9. ×　10. √

四、简答题

1. 答　(1)配合的主要参数是键和键槽的宽度 b。

(2)键连接采用基轴制配合。

(3)国家标准对键宽只规定了一种公差带 h9,对平键的轴槽宽及轮毂槽宽各规定了三种公差带。键连接配合种类少,主要要求比较确定的间隙或过盈。

2.**答** 矩形花键的定心方式有三种,分别为大径 D 定心、小径 d 定心和键侧定心。国家标准规定矩形花键配合只按小径定心一种方式。

国标只规定小径定心一种方式,主要考虑到能用磨削的办法消除热处理变形,使定心直径的尺寸和几何误差控制在较小范围内,从而获得较高的精度。在大多数情况下,齿轮与轴用花键连接,轴为外花键,齿轮孔为内花键;内花键作为齿轮传动的基准孔,在齿轮标准中规定 7~8 级齿轮的内花键孔公差为 IT7,外花键轴为 IT6,6 级齿轮的内花键孔公差为 IT6,外花键轴公差为 IT5。要达到此精度,只有采用小径定心方式,通过磨削内花键小径 d 和外花键小径 d,才可提高花键的定心精度。因此,采用小径定心可提高定心精度和配合的稳定性,有利于提高产品性能和质量。

3.**答** 基轴制,基孔制。

4.**答** 位置度公差(综合检验时),对称度、等分度公差(单项检验时)。

五、计算与说明题

1.**解** 键宽与键槽的配合采用基轴制,配合种类采用一般连接。查教材《机械精度设计与检测》表 7 – 2(平键与键槽的公差带、配合性质及其应用)得,键宽公差带 8h9,轴槽公差带选 8N9,轮毂槽公差带选 8JS9。

查标准公差数值表及孔的基本偏差数值表得,IT9$=36\ \mu m$。

则键宽公差带为 8h9($^{0}_{-0.036}$),轴键槽公差带为 8N9($^{0}_{-0.036}$),轮毂槽公差带为 8JS9(±0.018)。

8N9/h8,8JS9/h8 的尺寸公差带如图 2 – 7 – 1 所示。

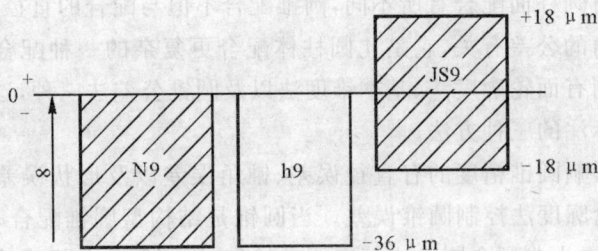

图 2 – 7 – 1 8N9/h8,8JS9/h8 的尺寸公差带

2.**解** 查标准公差数值表和轴的基本偏差数值表得到矩形花键大径、小径及键宽公差带分别为

大径公差带 $\phi 26 \dfrac{H7\binom{+0.021}{0}}{f7\binom{-0.020}{-0.041}}$，小径公差带 $\phi 30 \dfrac{H10\binom{+0.084}{0}}{a11\binom{-0.300}{-0.430}}$，键宽公差带

$\phi 26 \dfrac{H9\binom{+0.030}{0}}{d10\binom{-0.030}{-0.078}}$。

第8章　圆锥公差配合

一、填空题

1. 12，AT1～AT12，AT1，AT12。

2. 结构型圆锥配合，位移型圆锥配合。

3. 基面距变动，圆锥面接触不良。

4. 圆锥直径，圆锥角，圆锥。

5. 素线直线度、圆度。

6. 三，面轮廓度法、基本锥度法、公差锥度法。

7. 给定圆锥截面直径，圆锥角。

8. 圆锥素线直线度，横截面圆度。

二、选择题

1. B　　　2. D　　　3. A，B，C，E　　　4. A，C，D，E　　　5. B，D，E

三、是非判断题

1. √　2. √　3. √　4. ×　5. √　6. ×　7. √　8. √

9. √　10. √　11. ×　12. √　13. √　14. ×　15. ×

四、简答题

1. **答**　与圆柱面配合有所不同，圆锥配合不但与配合的直径公差有关，而且还与圆锥角的公差有关，它是比圆柱体配合更复杂的一种配合形式。对圆锥精度的控制有面轮廓度法、基本锥度法以及圆锥公差法三种，这三种方法也是圆锥公差标注的三种方法。

2. **答**　影响圆锥精度的有直径误差、锥角误差以及形状误差。一般情况可直接用面轮廓度法控制圆锥误差。当圆锥是结构型圆锥配合时，可用基本锥度法；当圆锥为非配合圆锥或精度要求较高时，可用公差锥度法控制。

3. **答**　(1)能保证结合件自动定心，能够保证多次反复装配精度不变。

(2)配合间隙或过盈的大小可以调整。

(3)配合紧密而且便于拆卸。

4. **答**　有影响。

五、计算与说明题

1.解

根据 $\tan\dfrac{\alpha}{2}=C=\dfrac{D-d}{L}$，得

$$d=D-CL=30-\dfrac{1}{10}\times100=20\text{ mm}$$

查教材《机械精度设计与检测》中圆锥公差表得，$\phi30H8\left(^{\ 0}_{-0.033}\right)$，$\phi20H8$ $\left(^{\ 0}_{-0.033}\right)$。

$$\tan\dfrac{\alpha_{max}}{2}==\dfrac{D_{max}-d_{min}}{2L}，则\ \alpha_{max}==5°44'37.21''$$

$$\tan\dfrac{\alpha_{min}}{2}==\dfrac{D_{min}-d_{max}}{2L}，则\ \alpha_{min}==5°42'21.42''$$

第 9 章　齿轮传动精度

一、填空题

1.传递运动的准确性,传动平稳性,载荷分布均匀性,齿轮副侧隙。

2.13,0,1～12,5。

3.改变齿轮副中心距,改变齿厚。

4.中心距极限,轴线平行度。

5.传递运动准确性,几何。

6.载荷分布均匀性。

7.传递运动的准确性精度,传动平稳性精度,载荷分布均匀性精度。

8. F_{β},载荷分布均匀性。

9.传递运动准确性的精度等级。

10.几何,运动。

二、选择题

1.C　　2.D　　3.A,B,C　4.A　　5.D　　6.B　　7.C　　8.A

9.A　　10.D　　11.C　　12.B　　13.A,B,D　14.B,E,F　15.C

三、是非判断题

1.√　　2.√　　3.×　　4.√　　5.√　　6.×　　7.×　　8.√

9.×　　10.×　　11.×　　12.×　　13.√　　14.×　　15.×　　16.×

17.×　　18.√　　19.×　　20.√

四、简答题

1.答 对齿轮传动的使用要求包括传递运动的准确性（运动精度）；传动平稳性（平稳性精度）；载荷分布的均匀性（接触精度）；齿轮副合理的齿侧间隙。

齿轮副的侧隙可用于补偿齿轮的加工误差、装配误差以及齿轮承载受力后产生的弹性变形和热变形，防止齿轮传动发生卡死或烧伤现象，保证齿轮正常传动。侧隙还用于在齿面上形成润滑油膜，以保持良好的润滑。

2.答 影响齿轮运动精度的齿轮偏差包括齿距累积偏差、齿距累积总偏差、切向综合总偏差、径向综合总偏差和径向跳动。

3.答 影响齿轮传动平稳性的齿轮偏差有齿廓总偏差和基圆齿距偏差。

4.答 影响齿面接触精度的齿轮偏差有螺旋线总偏差、螺旋线形状偏差和螺旋线倾斜偏差。

5.答 （1）测量方法不同。切向综合总偏差通常用单面啮合综合检查仪（单啮仪）测量，比较接近齿轮传动的实际工作情况；径向综合总偏差采用齿轮双面啮合检查仪（双啮仪）进行测量。

（2）综合反映误差的程度不同。切向综合总偏差是几何偏心、运动偏心等各种加工误差的综合反映，因而是评定齿轮传递运动准确性的最佳综合评定指标；径向综合偏差主要反映由几何偏心引起的径向误差及一些短周期误差，只能反映齿轮的径向误差，不能反映切向误差，故不能像 F_i那样确切和充分地表示齿轮运动精度。

6.答 当进行齿轮精度设计时，齿轮同侧齿面各精度项目可选用同一精度等级。对不同偏差项目可规定不同的精度等级。例如，径向综合公差和径向跳动公差不一定要选用与同侧齿面的精度项目相同的精度等级。

确定齿轮精度等级的主要依据齿轮的用途、使用要求、工作条件及其他技术条件。选用精度等级时，应认真分析齿轮传动的功能要求和工作条件，如齿轮的用途、运动精度、工作速度、是否正反转、振动、噪声、传动功率、负荷、润滑条件、持续工作时间和寿命等。

7.答 正确。此时，齿轮的检验项目的精度等级同为 7 级。

8.答 否。选用齿轮精度检验项目时的主要考虑因素有齿轮精度等级和用途、检查目的（工序检验或最终检验）、齿轮的切齿加工工艺、生产批量、齿轮的尺寸大小和结构形式、项目间的协调、企业现有测试设备条件和检测费用等。

9.答 齿厚极限偏差，公法线平均长度偏差，齿轮副中心距极限偏差，轴线平行度偏差。

10.**答**　通过控制齿厚或齿轮副中心距的办法获得必要的侧隙。对单个齿轮,应通过控制齿厚偏差或者公法线平均长度极限偏差来保证侧隙。

11.**答**　在齿轮仅单向运转而不经常反转时,最大侧隙的控制不是重要的考虑因素,此时中心距极限偏差主要取决于对重合度的考虑;当齿轮上的负载常常反向时,对中心距的公差必须仔细考虑的因素与齿厚极限偏差的确定时的考虑因素类似。

12.**答**　齿轮坯尺寸公差,齿轮坯基准面、工作安装面及制造安装面的形状公差,工作安装面的跳动公差。

五、计算与说明题

1.**解**　(1)确定齿轮的精度等级。

求大齿轮的工作线速度

$$v_2 = \frac{\pi D n_2}{60 \times 1\,000} = \frac{3.14 \times 266 \times 379}{60 \times 1\,000} = 5.28 \text{ m/s} < 10 \text{ m/s}$$

查教材《机械精度设计与检测》中表 9-7、表 9-8,将齿轮传递运动准确性、传动平稳性、载荷分布均匀性精度等级均取 8 级。

(2)选择齿轮精度的检测指标及其公差。单个齿距极限偏差 $\pm f_{Pt}$,齿距累积总公差 F_P,齿廓总公差 F_α,螺旋线总公差 F_β,齿厚极限偏差。

查齿轮公差表可得

$$\pm f_{Pt} = \pm 18 \ \mu m, \quad F_P = 70 \ \mu m, \quad F_\alpha = 25 \ \mu m, \quad F_\beta = 29 \ \mu m$$

齿厚偏差可用公法线平均长度偏差代替。

(3)求齿厚极限偏差。齿轮副中心距为

$$a = \frac{d_1 + d2}{2} = 168 \text{ mm}$$

查中心距极限偏差表(GB10095—1988),齿轮副中心距极限偏差为

$$f_a = \pm 31.5 \ \mu m$$

求齿轮副最小法向侧隙

$$j_{bnmin} = (2/3)(0.06 + 0.000\,5 |a_i| + 0.03 m_n) = 0.15 \text{ mm}$$

求齿轮加工误差和齿轮副安装误差对侧隙减小的补偿量为

$$J_n = \sqrt{f_{Pb1}^2 + f_{Pb2}^2 + 2(F_\beta \cos \alpha_n)^2 + (F_{\Sigma\delta} \sin \alpha_n)^2 + (F_{\Sigma\beta} \cos \alpha_n)^2} =$$
$$\sqrt{0.88(f_{Pt1}^2 + f_{Pt2}^2) + [2 + 0.34(L/b)^2]F_\beta^2} =$$
$$\sqrt{0.88 \times (17^2 + 18^2) + [2 + 0.34 \times (150/64)^2 \times 29^2}} =$$
$$61.58 \ \mu m = 62 \ \mu m$$

通常取主动轮和从动轮的齿厚上偏差相等,则齿厚上偏差为

$$E_{sns} = E_{sns1} = E_{sns2} = -f_a \tan \alpha_n - \frac{j_{bnmin} + J_n}{2\cos \alpha_n} =$$

$$-(0.0315 \times \tan 20° + \frac{0.15 + 0.062}{2 \times \cos 20°}) = -0.124 \text{ mm}$$

查表得径向跳动公差为 $F_r = 56 \ \mu m$,切齿径向进给公差 $b_r = 1.26 \times IT9$,则法向齿厚公差为

$$T_{sn} = (\sqrt{F_r^2 + b_r^2})2\tan \alpha_n = 2 \times \tan 20° \times \sqrt{56^2 + (1.26 \times 130)^2} = 126 \ \mu m$$

则齿厚下偏差为

$$E_{sni} = E_{sns} - T_{sn} = -0.124 - 0.126 = -0.250 \text{ mm}$$

(4)求公法线平均长度及其极限偏差。

根据公式 $\tan \alpha_n = \cos \beta \tan \alpha_t$ 求得端面压力角 $\alpha_t = 20°37'15''$。

假想齿数为

$$z' = z\frac{inv\alpha_t}{inv\alpha_n} = 103 \times \frac{0.016\ 389}{0.014\ 904} = 113.26$$

跨齿数 k 为

$$k = \frac{Z'}{9} + 0.5 = \frac{113.26}{9} + 0.5 = 13.08$$

圆整为 $k = 13$。

公法线长度的公称值为

$$W_k = m[1.476(2k-1) + 0.014Z] = 95.855 \text{ mm} = 96 \text{ mm}$$

公法线平均长度上偏差 E_{bns}

$$E_{bns} = E_{sns}\cos \alpha_n - 0.72F_r\sin \alpha_n = -0.117 \text{ mm}$$

公法线平均长度下偏差 E_{bni}

$$E_{bni} = E_{bni}\cos \alpha_n - 0.72F_r\sin \alpha_n = -0.235 \text{ mm}$$

(5)齿坯精度设计。由于大齿轮齿顶圆直径大于 160 mm,故该大齿轮采用腹板式结构,带有基准面。

齿轮安装定位孔为安装基准面,取齿轮安装定位孔直径公差带代号为 $\phi 56H7(^{+0.030}_{0})$;取齿顶圆直径的尺寸公差带代号为 $\phi 271.215h11(^{0}_{-0.025})$。

齿轮内孔轮毂(键)槽按照平键连接公差配合国家标准设计,取正常连接,键槽宽度取 $16JS9(\pm 0.019)$,轮毂(键)槽深度为

$$(d+t_2)^{+0.200}_{0} = 60.3^{+0.200}_{0} \text{ mm}$$

确定齿轮内孔圆柱度公差为

$$0.04(L/b)F_\beta = 0.003 \text{ mm}, \quad 0.1F_P = 0.1 \times 70 = 0.007 \text{ mm}$$

取其中的较小者。

齿轮两端面是作为轴向定位基准,端面圆跳动公差为

$$0.2(D_d/b)F_\beta = 0.2 \times \frac{90}{64} \times 29 = 12 \ \mu m$$

键槽对称度公差等级可取 IT8 或 IT9,该大齿轮取 IT9。

因为齿面硬度小于 350HBS,属于软齿面,查表取 $Ra=6.3 \ \mu m$;齿顶圆也选取 $Ra=6.3 \ \mu m$;齿轮内孔表面取 $Ra=1.6 \ \mu m$;齿轮的两个轴向端面、键槽宽侧面取 $Ra=3.2 \ \mu m$;键槽底面取 $Ra=6.3 \ \mu m$;其余按 $Ra=12.5 \ \mu m$。

(6)绘制齿轮工作图,如图 2-9-1 所示。

2. **解**　根据已知条件,可求得分度圆直径为

$$d = mz = 5 \times 12 = 60 \ mm$$

由 d, m 和精度等级,分别查齿距累积公差表、齿廓总公差表和螺旋线总公差表可得

8 级精度 $F_P = 55 \ \mu m$;

7 级精度 $F_a = 19 \ \mu m$;

6 级精度 $F_\beta = 14 \ \mu m$。

故该齿轮传递运动准确性的必检精度指标合格,载荷发布均匀性的必检精度指标不合格。

3. **解**　(1)采用类比法确定齿轮精度等级。小齿轮的工作线速度(圆周速度)为

$$v_1 = \frac{\pi d_1 n_1}{60 \times 1000} = \frac{\pi m z_1 n_1}{60 \times 1\ 000} \frac{3.14 \times 3 \times 20 \times 750}{60 \times 1\ 000} = 2.36 \ m/s$$

通用减速器齿轮对传递运动准确性没有特别要求,查《机械精度设计与检测》中表 9-7、表 9-8,将齿轮传递运动准确性和传动平稳性的精度等级确定为 8 级。通用减速器主要用于传递动力,故将载荷分布均匀性精度等级提高一级,取为 7 级。

(2)选择齿轮精度的检测指标及其公差。此减速器的大、小齿轮属于中等精度、小批量生产,故确定精度检验项目如下:

传递运动准确性:齿距累积总偏差 F_p,径向跳动公差 F_r。

传动平稳性:齿廓总偏差 F_a。

载荷分布均匀性:螺旋线总偏差 F_β。

模数	m	3
齿数	z_1	32
分度圆压力角	α	20°
齿顶高系数	h_a^*	1.0
顶隙系数	c^*	0.25
变位系数	x	+0.20
齿轮精度等级		8 GB/T 10095.2
齿轮副中心距离及其极限偏差	$a \pm f_a$	168 ± 0.031
一齿径向综合公差	f_i''	±0.018
径向综合总点公差	F_i''	0.070
齿高接触斑点	$h_1 \geq 50\%, h_2 \geq 30\%$	
齿宽接触斑点	$b_{c1}, b_{c2} \geq 25\%$	
分度圆弦齿高	h_s	3.210
分度圆弦齿厚	$S_{\overline{x}_{ms}}$	$4.771^{-0.124}_{-0.250}$

技术要求

1. 未注圆角 R2，未注倒角 C2；
2. 线性尺寸的未注公差按 GB/T 1804-m；
3. 未注几何公差按 GB/T 1184-K。

材料	45钢调质	
比例		
齿轮轴		减速器齿轮
制图		
审核		

其余 $\sqrt{\dfrac{3.2}{}}$

图 2-9-1 齿轮工作图

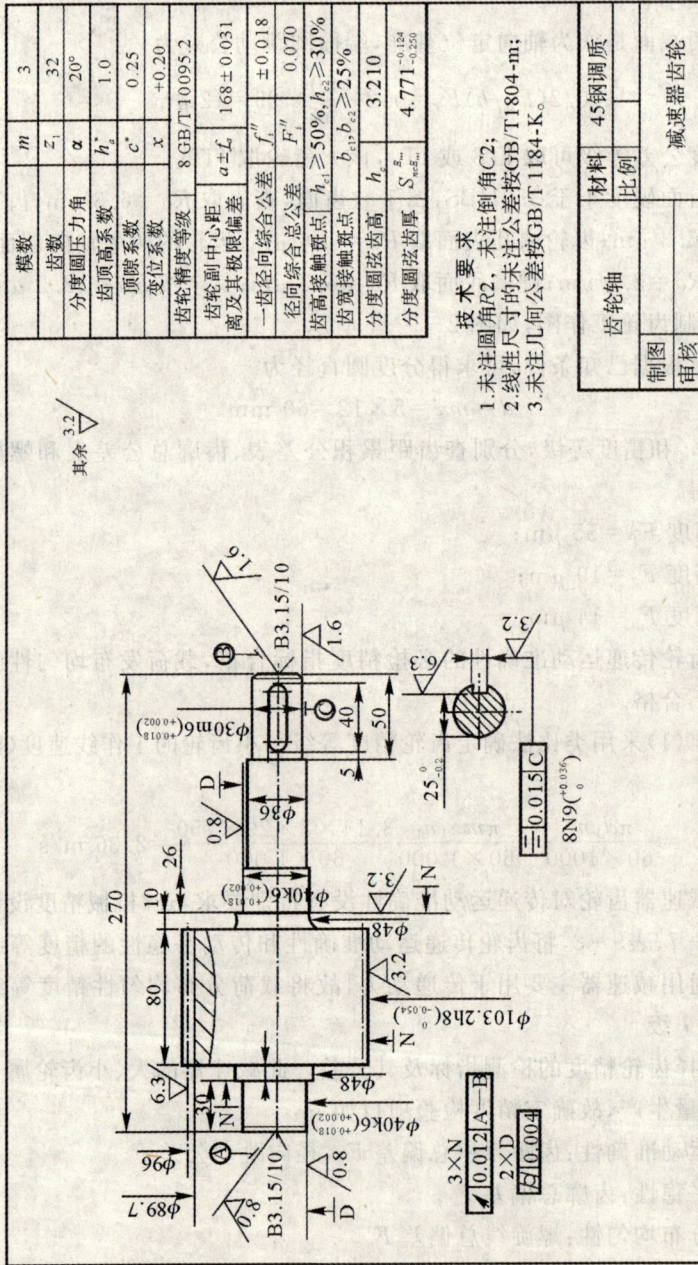

查教材《机械精度设计与检测》中附表 5-2、附表 5-3、附表 5-6 及附表 5-9，得到小齿轮、大齿轮的精度检验项目的公差值，见表 2-9-1，表 2-9-2。

(3)确定侧隙检验项目，计算齿厚极限偏差及公法线平均长度极限偏差。

1)求齿轮副最小极限侧隙。补偿工作过程热变形所需的侧隙为

$j_{b\min 1} = 1\,000 a(\alpha_1 \Delta t_1 - \alpha_2 \Delta t_2) 2\sin \alpha_n =$

$1\,000 \times m(z_1 + z_2)[\alpha_1(t_1 - 20°) - \alpha_2(t_2 - 20°)]\sin 20° =$

$1\,000 \times 3 \times (20 + 79)[11.5 \times 10^{-6} \times 40 - 10.5 \times 10^{-6} \times 20] \times \sin 20° =$

0.025 mm

采用油池润滑时，保证正常润滑所需的侧隙为

$$j_{b\min 2} = 10 m_n = 10 \times 3 = 30 \ \mu\text{m} = 0.030 \text{ mm}$$

则齿轮副的侧隙为

$$j_{b\min} = j_{b\min 1} + j_{b\min 2} = 0.025 + 0.030 = 0.055 \text{ mm}$$

2)求齿厚极限偏差。按《机械精度设计与检测》中式(9-7)，取齿厚的上、下偏差数值相等，并取大齿轮、小齿轮的齿厚上偏差相等，则齿厚上偏差为

$$E_{sns1} = E_{sns2} = -\frac{j_{bn\min}}{2\cos \alpha_n} = -\frac{0.055}{2\cos 20°} = -0.029 \text{ mm}$$

对小齿轮，切齿径向进给公差为

$$b_{r1} = 1.26 \text{IT9} = 1.26 \times 74 = 93 \ \mu\text{m} = 0.093 \text{ mm}$$

小齿轮的齿厚公差为

$$T_{sn1} = \sqrt{F_r^2 + b_r^2} \times 2\tan \alpha_n = \sqrt{0.043^2 + 0.93^2} \times 2\tan 20° = 0.069 \text{ mm}$$

则小齿轮齿厚下偏差为

$$E_{sni1} = E_{sns1} - T_{sn1} = -0.029 - 0.069 = -0.098 \text{ mm}$$

同理可求得大齿轮的齿厚公差为 $T_{sni2} = 0.113$ mm，齿厚下偏差为

$$E_{sni2} = -0.203 \text{ mm}$$

3)确定侧隙检验项目。通常用公法线平均长度偏差来代替齿厚偏差，以控制齿轮副的侧隙。

小齿轮：

公法线长度的公称值为

$W_{k1} = m[1.476(2k-1) + 0.014 z_1] =$

$$m 1.476 \left\{ \left[2\left(\frac{z_1}{9} + 0.5\right) - 1 \right] + 0.014 z_1 \right\} =$$

$$3 \times 1.476 \times \left\{ \left[2 \times \left(\frac{20}{9} + 0.5\right) - 1 \right] + 0.014 \times 20 \right\} = 20.920 \text{ mm}$$

公法线平均长度上偏差为

$$E_{bms1} = E_{sns1}\cos\alpha_n - 0.72F_{r1}\sin\alpha_n =$$
$$-0.029\times\cos 20°-0.72\times 0.043\times\sin 20° = -0.038 \text{ mm}$$

公法线平均长度下偏差为

$$E_{bmi1} = E_{sni1}\cos\alpha_n - 0.72F_{r1}\sin\alpha_n =$$
$$-0.098\times\cos 20°-0.72\times 0.043\sin 20° = -0.103 \text{ mm}$$

大齿轮：

公法线长度的公称值为

$$W_{k2} = 82.633 \text{ mm}$$

公法线平均长度上偏差为

$$E_{bms2} = -0.041 \text{ mm}$$

公法线平均长度下偏差为

$$E_{bmi2} = -0.205 \text{ mm}$$

最终确定的小齿轮、大齿轮工作图数据表见表 2-9-1、表 2-9-2。

表 2-9-1　小齿轮工作图数据表

项目	代号	参数值	备注
模数	m	3	基本参数
标准压力角	α	20°	基本参数
齿数	z	20	基本参数
精度等级	8-8-7 GB/T10095.1~2 2008		
配对齿轮	图号		
齿距累积总偏差	F_p	0.053 mm	传递运动准确性
径向跳动公差	F_r	0.043 mm	传递运动准确性
齿廓总偏差	F_α	0.022 mm	传动平稳性
螺旋线总偏差	F_β	0.020 mm	载荷分布均匀性
公法线平均长度极限偏差	$W_{kE_{bmi}}^{E_{bms}}$	$20.920^{-0.0038}_{-0.103}$	齿轮副侧隙
跨齿数	k	3	齿轮副侧隙

表 2-9-2 大齿轮工作图数据表

项目	代号	参数值	备注
模数	m	3	
标准压力角	α	20°	基本参数
齿数	z	79	
精度等级	8-8-7 GB/T10095.1~2 2008		
配对齿轮	图号		
齿距累积总偏差	F_p	0.073 mm	传递运动准确性
径向跳动公差	F_r	0.056 mm	
齿廓总偏差	F_α	0.025 mm	传动平稳性
螺旋线总偏差	F_β	0.021 mm	载荷分布均匀性
公法线平均长度极限偏差	$W^{E_{lms}}_{kE_{lmi}}$	$82.633^{-0.041}_{-0.205}\ mm$	齿轮副侧隙
跨齿数	k	9	

(4)确定齿办公楼坯精度。

1)小齿轮齿轮坯公差。小齿轮的结构形式采用齿轮轴,其支承轴颈与滚动轴承内圈配合。轴颈的尺寸公差、圆柱度公差及轴肩端面圆跳动公差按照滚动轴承配合的精度设计。齿顶圆直径及其偏差为 $\phi66h11\,(^{\ 0}_{-0.19})$。

2)大齿轮齿轮坯公差。大齿轮的结构形式采用带孔幅板式齿轮,定位内孔尺寸公差要求确定为 $\phi56H7\,(^{+0.03}_{\ 0})$ⓔ。定位端面的端面圆跳动公差确定为0.018 mm。齿轮加工时,齿顶圆作为径向找正基准,其尺寸公差确定为 $\phi243h8\,(^{\ 0}_{-0.072})$,顶圆的径向圆跳动公差取 0.022 mm。

齿坯及齿面表面粗糙度参数允许值由附表 5-14、附表 5-15 查得,此处从略。

(5)齿轮工作图(略)。

第 10 章 检测测量技术基础

一、填空题

1.随机误差。

2.绝对,直接,接触。

3. $\phi 28.864 \pm 0.006$ mm，$\phi 28.866 \pm 0.003$ mm。

4. 尺寸公差的 1/10，尺寸的验收极限。

5. 绝对，被测量。

6. 19.998 mm。

7. 00，0，1，2，3，K；1，2，3，4，5

8. 公称尺寸(基本尺寸)，检定尺寸。

9. 体外作用，最大实体。

10. 是否合格，实际尺寸，几何误差。

11. 标准量。

12. 通规，止规，体外作用，局部实际。

13. 内，安全裕度，误收；安全裕度 $A = 0$。

14. 最大实体，最小实体。

15. 相对，绝对。

二、选择题

1. C	2. B，C，E	3. A	4. D	5. D
6. B	7. A，B，C，D	8. B，C	9. A，B，D，E	10. D
11. A，C	12. C	13. B		

三、是非判断题

1. √	2. √	3. ×	4. √	5. ×	6. ×	7. √	8. ×
9. ×	10. ×	11. √	12. √	13. ×	14. ×	15. ×	16. ×
17. ×	18. √	19. √	20. √	21. ×	22. ×	23. ×	24. √
25. ×	26. ×						

四、简答题

1. **答** 测量的实质是将被测的量与一个复现测量单位的标准量进行比较，从而确定被测量的量值过程。任何一个测量过程都包括四个要素，即被测对象、计量单位、测量方法和测量精度。

2. **答** 量块分"级"的主要依据是量块长度的制造极限偏差和长度变动量的允许值。量块分"等"的主要依据是量块中心长度测量的极限误差和平面平行度允许偏差。

量块按"级"使用时，以量块的标称长度作为工作尺寸，该尺寸包含了量块的制造误差，制造误差将被引入测量结果，但不需加修正值，故使用方便；量块按"等"使用比按"级"使用的测量精度高，但增加了检定费用，且要以实际检定结果作为工作尺寸，使用上也有不便之处。此外，受到测量面平行度的限制，并不是任何"级"的量块都可以检定成一定"等"的量块。

3.**答**　相对测量如千分表,绝对测量如游标卡尺和千分尺,相对测量比绝对测量的测量精度高。

为了减少测量误差,一般都采用直接测量。但某些被测量(如孔心距、局部圆弧半径等)不易采用直接测量或直接测量达不到要求的精度(如某些小角度的测量),则应采用间接测量。

4.**答**　测量误差按其性质可分为系统误差、随机误差和粗大误差三类。系统误差指是在相同条件下,连续多次测量同一被测几何量时,误差的大小和符号保持不变或按一定规律变化;随机误差是指在相同条件下,连续多次测量同一被测几何量时,误差的大小和符号以不可预定的方式变化;粗大误差明显歪曲测量结果的误差,且数值较大。

5.**答**　除了给出测量结果数值之外,还应当给出测量结果的测量不确定度或极限误差。

6.**答**　已定系统误差影响测量结果的精确度。因为精确度是指测量结果中系统误差与随机误差的综合,已定系统误差即定值系统误差。

7.**答**　系统误差对测量结果影响较大,应尽量减少或消除;随机误差不可能完全消除,它是造成测得值分散的主要原因。

8.**答**　刻度间距与分度值,示值范围与测量范围,示值误差与示值变动量,灵敏度,回程误差,测量力,修正值,不确定度。

五、计算题

1.**解**

求算术平均值 $\bar{x}$ 为

$$\bar{x} = 58.857 \text{ mm}$$

求标准偏差 σ 为

$$\sigma = \sqrt{\sum_{i=1}^{n} v_i^2 / (n-1)} = 1.491 \ \mu m$$

求算术平均值的标准偏差 $\sigma_{\bar{x}}$

$$\sigma_{\bar{x}} = \frac{\sigma}{\sqrt{n}} = 0.471 \ \mu m$$

测量结果为

$$\bar{x} \pm 3\sigma_{\bar{x}} = 58.857 \pm 0.001 \text{ mm}$$

2.**解**

4 次测量的算术平均值为

$$\bar{x}=(67.020+67.019+67.018+67.015)/4=67.018 \text{ mm}$$

多次测量的平均值的标准偏差为

$$\sigma_{\bar{x}}=\sigma/\sqrt{n}=0.002/\sqrt{4}=0.001$$

则 4 次测量的测量结果为 $\bar{x}+3\sigma_{\bar{x}}=67.018\pm0.003$ mm。

3. 解 查轴的极限偏差数值表可得，$\phi25f8(^{-0.020}_{-0.053})$，IT8＝0.033 mm。

查教材《机械精度设计与检测》中表 10 - 1 可得，安全裕度为 $A=$ 0.003 3 mm。

优先选用Ⅰ档，查《机械精度设计与检测》中表 10 - 1 得，测量器具不确定度允许值为 $u_1=3.0~\mu\text{m}$。

该工件的验收极限：

上验收极限为

$$25-0.020-0.003\ 3=24.976\ 7 \text{ mm}$$

下验收极限

$$25-0.053+0.003\ 3=24.950\ 3 \text{ mm}$$

查教材《机械精度设计与检测》中表 10 - 2，选取分度值 0.002 mm 的比较仪，其不确定度 $u_1'=0.001\ 7$ mm$<u_1$，故所选测量器具可以满足使用要求。

4. 解 求两个轴颈测量的相对误差

$$\varepsilon_1=\frac{|+0.008|}{99.979}\times100\%=0.008\%$$

$$\varepsilon_2=\frac{|-0.006|}{60.035}\times100\%=0.01\%$$

显然前者的测量精度高于后者。

5. 解 求两种测量方法的相对误差

$$\varepsilon_1=\frac{|0.002\times2|}{25}\times100\%=0.016\%$$

$$\varepsilon_2=\frac{|0.02\times2|}{200}\times100\%=0.02\%$$

按照相对误差概念，前者的测量精度高于后者。

6. 解 查轴的极限偏差数值表可得，$\phi250h11(^{0}_{-0.290})$，IT11＝0.290 mm。

查教材《机械精度设计与检测》中表 10 - 1 可得，安全裕度为 $A=$ 0.029 mm。

测量不确定度允许值 u_1 优先选用Ⅰ档，查《机械精度设计与检测》中表 10 - 1得，$u_1=26~\mu\text{m}$。

该工件的验收极限：

上验收极限为

$$250-0-0.029=249.971 \text{ mm}$$

下验收极限为

$$250-0.29+0.029=249.739 \text{ mm}$$

查教材《机械精度设计与检测》中表 10 - 2(千分尺和游标卡尺的不确定度),选取分度值 0.02 mm 的游标卡尺,其不确定度 $u_1'=0.020$ mm$<u_1$,故所选测量器具可以满足使用要求。

7. 解　查孔、轴的极限偏差数值表得

$$\phi40G7(^{+0.034}_{+0.009})/h6(^{0}_{-0.016}), \quad IT6=16 \ \mu m, \quad IT7=25 \ \mu m$$

(1)$\phi40h6$ 轴用量规设计。

查教材《机械精度设计与检测》中表 10 - 4 得,工作量规的制造公差 $T=2.4 \ \mu m$,通规位置要素 $Z=2.8 \ \mu m$。

工作量规——通规——的基本尺寸:

最大极限尺寸为

$$\phi40-(Z-T/2)=\phi39.998 \ 4 \text{ mm}$$

最小极限尺寸为

$$\phi40-(Z+T/2)=\phi39.997 \ 0 \text{ mm}$$

通规的磨损极限尺寸为 $\phi39.984$。

工作量规——止规——的基本尺寸:

最大极限尺寸为

$$(\phi40-0.016)-T=\phi39.999 \ 2 \text{ mm}$$

最小极限尺寸为

$$(\phi40-0.016)-0=\phi39.984 \text{ mm}$$

(2)$\phi40G7$ 孔用量规设计。查《机械精度设计与检测》中表 10 - 4 得,工作量规的制造公差 $T=3 \ \mu m$,通规位置要素 $Z=4 \ \mu m$。

工作量规——通规——的基本尺寸:

最大极限尺寸为

$$(\phi40+0.009)+(Z+T/2)=\phi40.012 \text{ mm}$$

最小极限尺寸

$$(\phi40+0.009)+(Z-T/2)=\phi40.010 \ 6 \text{ mm}$$

通规的磨损极限尺寸为 $\phi40.009$ mm。

工作量规——止规——的基本尺寸:

最大极限尺寸为

$$(\phi40+0.034)-0=\phi40.034 \text{ mm}$$

最小极限尺寸为

$$(\phi40+0.034)-T=\phi40.0316 \text{ mm}$$

$\phi40G7$，$\phi40h6$ 工作量规公差带图如图 $2-10-1$ 所示。

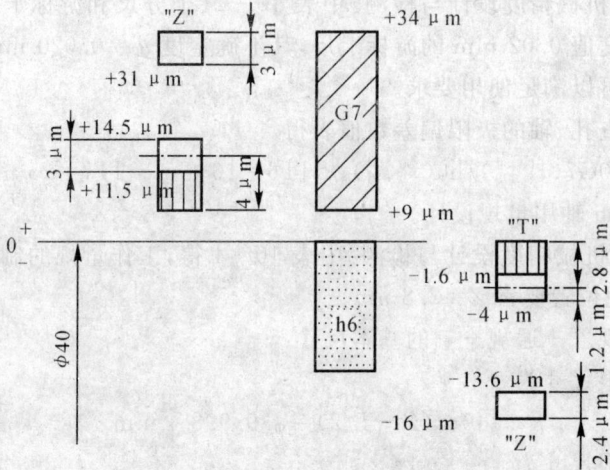

图 $2-10-1$

第 11 章　装配公差与尺寸链

一、填空题

1.各个组成环,封闭环。

2.封闭环。

3.封闭,增环,减环。

4.零件尺寸链,装配尺寸链,工艺尺寸链。

5.完全互换法(极值法),完全互换性。

6.直线尺寸链,平面尺寸链,空间尺寸链。

二、选择题

1.C　　　2.A　　　3.B　　　4.C　　　5.B,C　　　6.D

三、是非判断题

1.×　　2.√　　3.×　　4.×　　5.×　　6.×　　7.√　　8.√

9.×　　10.√　　11.√　　12.√

四、简答题

1. 答　在机器装配或零件加工过程中,由一些相互联系的尺寸按一定顺序首尾相接所形成的封闭尺寸组称为尺寸链。

2. 答　封闭环是指在机器装配或零件加工过程中,凡是间接自然形成的尺寸(例如装配间隙或装配过盈)。尺寸链中除封闭环以外的其他环称为组成环。与封闭环同向变动的组成环称为增环,而与封闭环反向变动的组成环称为减环。

3. 答　求解尺寸链的基本方法主要有完全互换法(极值法)和大数互换法(概率法)。

4. 答　最短尺寸链原则是指在建立尺寸链时,应使组成环的数目为最少。在装配精度要求一定时,组成环的数目越少,则组成环所分配到的公差就越大,组成环所对应的加工部位就越容易加工。

五、计算与说明题

1. 解　根据显函数式法,结合图 $1-11-1$,得 $A_0 = -A_1 + A_2 - A_3 + A_4 + A_5$,故 A_2,A_4,A_5 为增环,A_1,A_3 为减环。

如图 $2-11-1$ 所示,根据回路法,A_0 为封闭环,A_2,A_4,A_5 为增环,A_1,A_3 为减环。

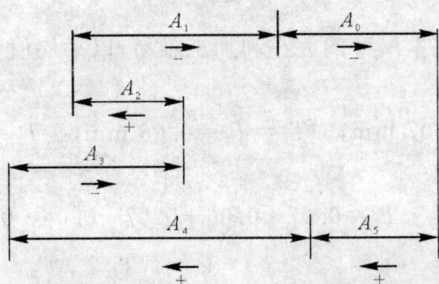

图　$2-11-1$

2. 解

$$A_2 = A_1 - A_3$$

镗孔深度 A_2 的上偏差为

$$0 - (-0.36) = 0.36 \ \text{mm}$$

镗孔深度 A_2 的下偏差为

$$-0.06 - 0 = -0.06 \ \text{mm}$$

故镗孔深度 A_2 为 $40^{+0.36}_{-0.06}$。

3. 解 根据题意,结合图 $1-11-3$,得 $N=A_1-A_2-A_3$。其中,N 为封闭环,则 A_1 为增环,A_2,A_3 为减环。用完全互换法计算封闭环 N。

封闭环 N 的基本尺寸为

$$N=A_1-A_2-A_3=40-38-2=0$$

求封闭环 N 的极限偏差为

$$ES=ES_{A_1}-EI_{A_2}-EI_{A_3}=+0.16-(-0.15)-(-0.18)=+0.49$$
$$EI=EI_{A_1}-ES_{A_2}-ES_{A_3}=0-0-(-0.10)=+0.10 \text{ mm}$$

则封闭环 N 为 $0^{+0.49}_{+0.10}$ mm。

因为要求装配间隙 N 在 $0.1\sim0.5$ mm 范围内,经完全互换法验算得 N 为 $0^{+0.49}_{+0.10}$ mm,满足装配要求,故这些尺寸及极限偏差正确。

4. 解 令活塞杆移动范围为封闭环 N,则根据题意,结合图 $1-11-4$,有

$$N=A_1-A_2-A_3+A_4+A_5$$

则 A_1,A_4,A_5 为增环,A_2,A_3 为减环。

封闭环 N,其 $ES=+0.14$ mm,$EI=-0.17$ mm,则 $T_0=0.31$ mm。

用完全互换法确定相关零件的极限偏差为

$$T_i=\frac{0.31}{5} \text{ mm}=0.062 \text{ mm}$$

根据各组成环基本尺寸的大小和加工难易,以平均值为基数,各组成环的公差调整为

$$T_1=T_3=0.07 \text{ mm}, \quad T_2=T_4=0.06 \text{ mm}, \quad T_5=0.05 \text{ mm}$$

由于

$$T_1+T_2+T_3+T_4+T_5=0.07+0.06+0.07+0.06+0.05=0.31\leqslant T_0$$

故满足要求。

采用"人体原则"确定各环偏差,各环尺寸为

$$A_2=10^{\ 0}_{-0.06} \text{ mm}, \quad A_3=60^{\ 0}_{-0.07} \text{ mm}, \quad A_4=15^{+0.06}_{\ 0} \text{ mm}, \quad A_5=5^{+0.05}_{\ 0} \text{ mm}$$

则

$$ES_{A_1}=ES+EI_{A_2}+EI_{A_3}-ES_{A_4}-ES_{A_5}=$$
$$+0.14+(-0.06)+(-0.07)-0.06-0.05=$$
$$-0.10 \quad EI_{A_1}=EI+ES_{A_2}+ES_{A_3}-EI_{A_4}-EI_{A_5}=-0.17 \text{ mm}$$

故 $A_1=350^{-0.10}_{-0.17}$ mm。

5. 解 根据题意,结合图 $1-11-5$ 可知,A_0 为封闭环,其 $ES_0=+0.50$ mm,$EI_0=+0.20$ mm,$T_0=0.30$ mm,$\Delta_0=0.35$ mm。

根据图 $1-11-5$ 得 $A_0 = A_1 - A_2 - A_3 - A_4$。故 A_1 为增环，A_2, A_3, A_4 为减环。

按大数互换法，查出各组成环的公差单位分别为 $i_1 = i_3 = 2.52, i_2 = i_4 = 0.90$，则

$$a = \frac{T_0}{i_1 + i_2 + i_3 + i_4} = \frac{0.30 \times 1\,000}{2.52 + 0.90 + 2.52 + 0.90} \approx 43.86 \text{ mm}$$

查教材《机械精度设计与检测》中表知各组成环的公差等级可定为 IT9，查标准公差数值表得各组成环公差为

$$T_1 = T_3 = 0.10 \text{ mm}, \quad T_2 = T_4 = 0.036 \text{ mm}$$

由于 $T_1 + T_2 + T_3 + T_4 = 0.10 + 0.036 + 0.10 + 0.036 = 0.272$ mm < 0.30 mm，故满足装配偏差要求。

根据"单向体内原则"，A_2, A_3, A_4 的极限偏差可定为

$$A_2 = 8^{\ 0}_{-0.036} \text{ mm}, \quad A_3 = 134^{\ 0}_{-0.10} \text{ mm}, \quad A_4 = 8^{\ 0}_{-0.036} \text{ mm}$$

各组成环的中间偏差为 $\Delta_2 = -0.018$ mm，$\Delta_3 = -0.05$ mm，$\Delta_4 = -0.018$ mm，则

$$\Delta_1 = \Delta_0 + \Delta_2 + \Delta_3 + \Delta_4 = 0.35 + (-0.018) + (-0.05) + (-0.018) = +0.264 \text{ mm}$$

则

$$\text{ES}_{A_1} = \Delta_1 + \frac{T_1}{2} = 0.264 + \frac{0.10}{2} = +0.314 \text{ mm}$$

$$\text{EI}_{A_1} = \Delta_1 - \frac{T_1}{2} = 0.264 - \frac{0.10}{2} = +0.214 \text{ mm}$$

故 $A_1 = 150^{+0.314}_{+0.214}$ mm。

第三部分

模拟试题及参考答案

模拟试题 I 及参考答案

模拟试题 I

一、填空题(20 分,每小题 2 分)

1. 对于配合 $\phi50H8/h8$,其最大间隙为 _____,最小间隙为 _____。

2.《极限配合》国家标准规定了两种基准制(配合制),即 _____,一般情况下应优先选用 _____。

3. 机械精度设计的主要方法分为 _____,目前最常用的方法是 _____。

4. 对 $\phi30\binom{+0.025}{0}$ 孔,其最大极限尺寸为 _____,最大实体尺寸为 _____。

5. 平键连接的配合尺寸是 _____,其公差带代号为 _____。

6. 设计图纸上规定键槽对轴线的对称度公差值为 0.05 mm,该键槽中心偏离轴的轴线的距离不得大于 _____ mm。

7. 在装配图上标注滚动轴承与轴颈和壳体孔的配合时,只需标注 _____ 的公差带代号即可。

8. 国家标准中规定的表面粗糙度的主要评定参数有 _____(给出表示符号)。

9. 矩形花键连接的定心方式有三种,即 _____,国家标准规定只采用 _____ 一种定心方式。

10. 与平键连接相比,花键连接的主要优点有 _____。

二、选择题(从备选答案中选择符合题意的一个或多个正确答案。)(30 分,每小题 3 分)

1. 下列几何公差带形状相同的为( )。

A. 轴线对轴线的平行度公差,面对面的平行度公差

B. 径向圆跳动,圆度公差

C. 同轴度公差,径向全跳动

D. 轴线的直线度公差,导轨的直线度公差

2. 以下哪些说法是正确的?( )

A. 极限偏差中,上偏差一定大于下偏差

B. 过渡配合时,孔的实际尺寸一定大于轴的实际尺寸

C. 过盈配合时,孔的实际尺寸一定小于轴的实际尺寸

D. 公差恒为绝对值

3. 属于滚动轴承公差等级数字的有( )。

A. 0   B. 1   C. 2   D. 3   E. 4

4. 与 $\phi85H10/d9$ 配合性质完全相同的配合有( )

A. $\phi85H9/d9$ B. $\phi85D9/d9$ C. $\phi85H9/h9$

D. $\phi85H9/d8$ E. $\phi85D10/h9$

5. 表面粗糙度参数允许值越小,则零件的( )。

A. 用于配合时的配合精度越高

B. 加工越容易   C. 耐磨性越好

D. 抗疲劳性越差   E. 传动灵敏性越差

6. 对于滚动轴承公差配合,( )。

A. 在图纸上的标注与圆柱孔轴公差配合一样

B. 一般均选过盈配合   C. 选择两种基准制

D. 配合精度很高   E. 在图纸上应标注滚动轴承公差值

7. 下列几何公差项目中,属于位置公差的有( )。

A. 圆柱度   B. 位置度   C. 圆跳动   D. 轴线直线度   E. ∥

8. 在几何公差标注时,在公差值之前加 ϕ 的项目有( )。

A. 孔的轴线的位置度   B. 圆度

C. 直线度   D. 同轴度

9. 下列配合中,配合精度最高的是( )。

A. $\phi30H7/g6$ B. $\phi30H8/g7$

C. $\phi30H7/u7$ D. $\phi30H8/g7$

10. 国家标准对普通螺纹规定了( )。

A. 顶径公差   B. 中径公差   C. 螺距公差   D. 大径公差

三、计算与说明题(30 分)

1. 已知某孔轴配合 $\phi45D9(^{+0.142}_{+0.080})/\phi45h8(^{0}_{-0.039})$,

(1)计算孔、轴的极限尺寸和实体尺寸;

(2)画出孔、轴的尺寸公差带图;

(3)计算该配合的极限间隙(过盈)和配合公差。

2.对于配合 $\phi50H10/js10$,已知 IT10＝0.100 mm,

(1)试确定孔、轴的基本偏差。

(2)画出孔、轴的尺寸公差带图。

(3)试问该配合的配合制和配合种类,求极限间隙(过盈)和配合公差。

3.如图 3-1-1 所示,孔径尺寸为 $\phi60^{+0.19}_{0}$ mm,试计算和说明:

(1)采用的公差原则及公差要求。

(2)最大、最小实体尺寸。

(3)遵守的理想边界和边界尺寸。

(4)被测要素垂直度误差的最大允许值。

(5)如果将图上垂直度公差值改为 0 mm,垂直度误差的最大允许值。

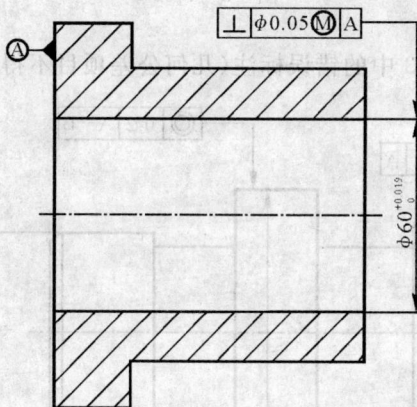

图　3-1-1

四、标注与改错题(20 分)

1.将以下公差要求标注在图 3-1-2 上。(15 分)

(1)圆锥面的圆度公差为 0.01 mm。

(2)圆锥面素线的直线度公差为 0.02 mm。

(3)圆锥面轴线对 ϕd_1,ϕd_2 两圆柱面公共轴线的同轴度公差为 0.05 mm。

(4)左侧端面 I 对 ϕd_1,ϕd_2 两圆柱面公共轴线的端面圆跳动公差为

0.03 mm。

(5)ϕd_1,ϕd_2 两圆柱面的圆柱度公差分别为 0.008 mm 和 0.006 mm。

(6)ϕd_1,ϕd_2 两圆柱面的表面粗糙度 Ra 允许值 1.6 μm,其余表面 6.4 μm。

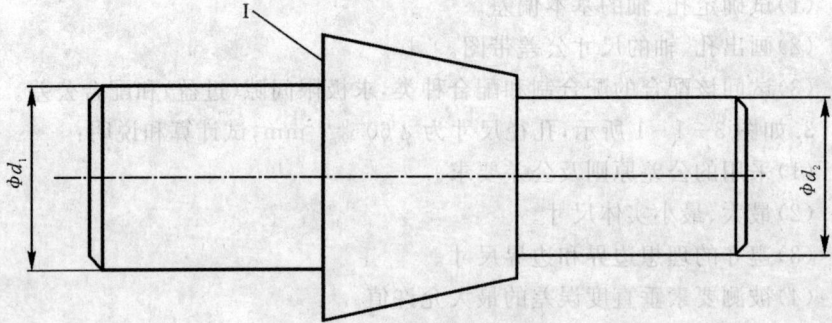

图 3-1-2

2.改正图 3-1-3 中的错误标注(几何公差项目不得更改!)(5分)。

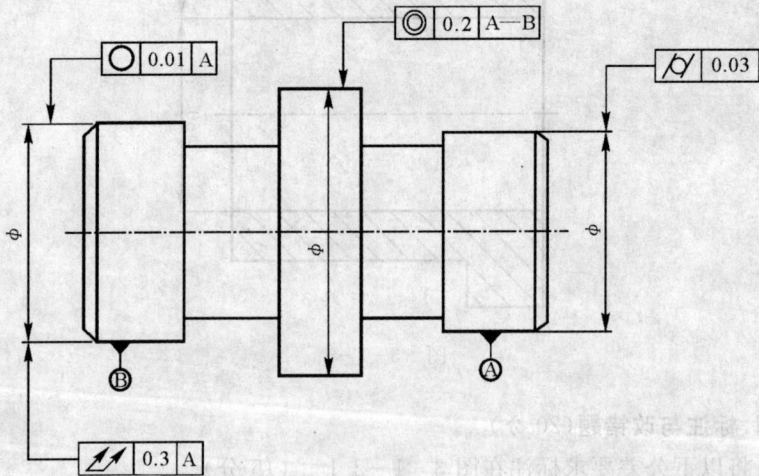

图 3-1-3

模拟试题 I 参考答案

一、填空题

1. +0.078,0。

2. 基孔制和基轴制,基孔制。

3. 类比法、试验法、计算法,类比法。

4. $\phi30.025,\phi30$。

5. 键宽和键槽宽 b,h9。

6. 0.025。

7. 轴颈和壳体孔。

8. Ra,Rz。

9. 小径定心、大径定心、键侧定心,小径定心。

10. 连接可靠、定心精度高、能保证滑动连接的导向精度。

二、选择题

1. B	2. A,C,D	3. A,C,E	4. E	5. A,C
6. C,D	7. B,C	8. A,C,D	9. A	10. A,B

三、计算与说明题

1. 解　(1)孔的最大极限尺寸 $\phi45.142$ mm,孔的最小极限尺寸 $\phi45.080$ mm。

孔的最大实体尺寸 $\phi45.080$ mm,孔的最小实体尺寸 $\phi45.142$ mm。

轴的最大极限尺寸 $\phi45$ mm,轴的最小极限尺寸 $\phi44.961$ mm。

轴的最大实体尺寸 $\phi45$ mm,轴的最小实体尺寸 $\phi44.961$ mm。

(2)孔、轴尺寸公差带图如图 3-3-1 所示。

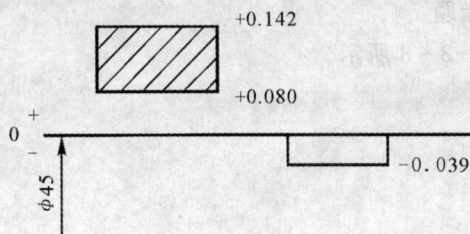

图　3-3-1

（3）该配合属于基孔制间隙配合。

最大间隙为 $+0.142-(-0.039)=+0.181$ mm；

最小间隙为 $+0.080-0=+0.080$。mm

配合公差为 $|+0.181-0.080|=0.101$ mm。

2. 解 （1）孔的基本偏差为 0；轴的基本偏差为 $+0.050$ mm（或 -0.050 mm）。

（2）孔、轴尺寸公差带图如图 3-3-2 所示。

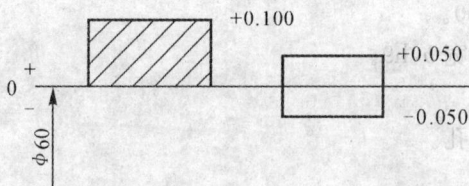

图 3-3-2

（3）该配合为基孔制过渡配合。

最大间隙为 $+0.100-(-0.050)=+0.150$ mm；

最大过盈为 $0-+0.050=-0.050$ mm。

配合公差为 $|+0.150-(-0.050)|=0.200$ mm。

3. 解 （1）最大实体要求（最大实体原则）。

（2）最大实体尺寸 $\phi60$ mm，最小实体尺寸 $\phi60.19$ mm。

（3）遵守的理想边界：最大实体实效边界。

边界尺寸：最大实体实效尺寸为 $\phi60-\phi0.05=\phi59.95$ mm。

（4）被测要素垂直度误差的最大允许值为 $\phi0.19+\phi0.05=\phi0.24$ mm。

（5）此时，垂直度误差的最大允许值为 $\phi0.19$ mm。

四、标注与改错题

1. 答 如图 3-3-3 所示。

其余 $\overset{6.4}{\triangledown}$

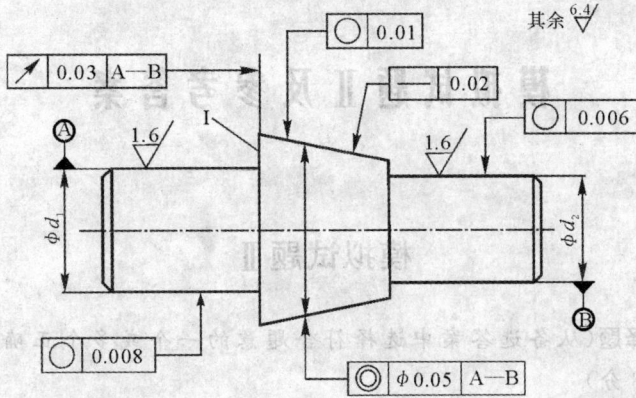

图 3-3-3

2.答 如图 3-3-4 所示。

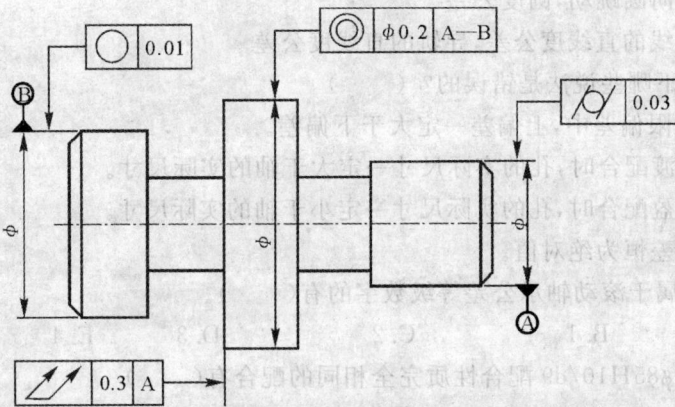

图 3-3-4

模拟试题 Ⅱ 及参考答案

模拟试题 Ⅱ

一、选择题(从备选答案中选择符合题意的一个或多个正确答案。)(30分,每小题 3 分)

1. 下列几何公差带形状相同的为(　　)。

A. 轴线对轴线的平行度公差,面对面的平行度公差

B. 同轴度公差,径向全跳动

C. 径向圆跳动,圆度公差

D. 轴线的直线度公差,导轨的直线度公差

2. 以下哪些说法是错误的?(　　)

A. 极限偏差中,上偏差一定大于下偏差。

B. 过渡配合时,孔的实际尺寸一定大于轴的实际尺寸。

C. 过盈配合时,孔的实际尺寸一定小于轴的实际尺寸。

D. 公差恒为绝对值。

3. 不属于滚动轴承公差等级数字的有(　　)。

A. 0　　　　B. 1　　　　C. 2　　　　D. 3　　　　E. 4

4. 与 $\phi85H10/d9$ 配合性质完全相同的配合有(　　)

A. $\phi85D10/h9B$　　　$\phi85D9/d9$　　　C. $\phi85H9/h9$

D. $\phi85H9/d8$　　　E. $\phi85H9/d9$

5. 表面粗糙度参数允许值越小,则零件的(　　)。

A. 用于配合时的配合精度越高

B. 加工越容易　　　C. 耐磨性越好

D. 抗疲劳性越差　　　E. 传动灵敏性越差

6. 对于滚动轴承公差配合,表述不正确的是(　　)。

A. 在图纸上的标注与圆柱孔轴公差配合一样

B. 一般均选过盈配合　　　C. 选择两种基准制

D. 配合精度很高　　　E. 在图纸上应标注滚动轴承公差值

7.下列几何公差项目中,( )属于方向公差。

A. 圆柱度　　　　　B. // 　　　　　C. 圆跳动

D. ○　　　　　E. 位置度　　　　　F. ⊥

8.几何公差标注时,在公差值之前不加 ϕ 的项目有( )。

A. 孔的轴线的位置度　　　　　B. 圆度

C. 直线度　　　　　D. 同轴度

9.下列配合中,配合精度最低的是( )。

A. $\phi 30H7/g6$　　　　　　　　B. $\phi 30H8/g7$

C. $\phi 30H7/u7$　　　　　　　　D. $\phi 30H8/g7$

10.国家标准对普通螺纹未规定( )。

A. 中径公差　　　B. 螺距公差　　C. 牙型半角公差　　D. 顶径公差

二、是非判断题(请判断以下说法正确与否,正确打√,错误打×。)(20分,每小题2分)

1.因为基本尺寸是设计给定的尺寸,所以,实际尺寸越接近基本尺寸越好。　　　　　　　　　　　　　　　　　　　　　　( )

2.基本偏差用于确定尺寸公差带的位置。　　　　　　　　( )

3.几何误差值的大小用最小包容区域的宽度或直径表示。　　( )

4.实测某一对基本尺寸相同的孔轴配合,若此孔的实际尺寸大于此轴的实际尺寸,则此配合只能是间隙配合。　　　　　　　　　　( )

5.因为径向全跳动与端面相对于基准轴线的垂直度公差含义相同,故前者通常可以代替后者。　　　　　　　　　　　　　　　　　( )

6.理论正确尺寸不带公差,可用于位置度、轮廓度、倾斜度公差。( )

7.所谓自由尺寸,又称未注公差尺寸,一般情况下没有公差要求。( )

8.在图样上给出表面粗糙度参数时,一般只要给出高度特征参数。

　　　　　　　　　　　　　　　　　　　　　　　　　( )

9.普通螺纹公差配合国家标准没有单独规定螺距、牙型半角和牙型角的公差。　　　　　　　　　　　　　　　　　　　　　　　( )

10.轴与孔的加工精度越高,其配合精度也越高。　　　　　( )

三、计算和说明题(30分)

1.已知 $\phi 40 \dfrac{G7\binom{+0.034}{+0.009}}{h6\binom{0}{-0.016}}$ 和 $\phi 40 \dfrac{H7\binom{+0.025}{0}}{r6\binom{+0.050}{+0.034}}$,

(1)试计算确定 $\phi 40 \dfrac{H7}{g6}$ 孔和轴的极限偏差,画出尺寸公差带图,指出配合种类,计算配合性质(极限间隙或极限过盈)。

(2)试计算 $\phi 40 \dfrac{\text{JS7}}{\text{h6}}$ 孔和轴的极限偏差,画出尺寸公差带图。

(3)试计算 $\phi 40 \dfrac{\text{R7}}{\text{h6}}$ 孔和轴的极限偏差,画出尺寸公差带图,指出配合制种

类,计算配合公差及配合性质(极限间隙或极限过盈)。

2.对于图 3-2-1 所示零件,试计算和说明:

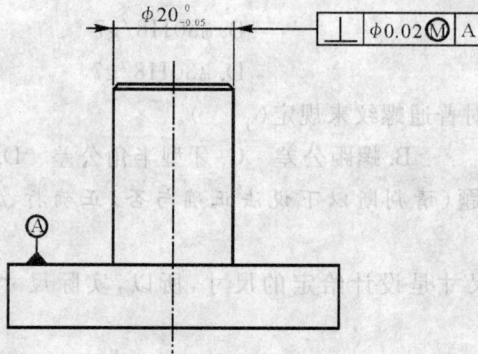

图 3-2-1

(1)几何公差(垂直度)与尺寸公差($\phi\,20_{-0.05}^{\ 0}$)之间遵循哪种公差原则?

(2)有无理想边界要求? 如有,遵守什么理想边界,边界尺寸是多少?

(3)假如轴 $\phi\,20_{-0.05}^{\ 0}$ 的实际尺寸 $d_A = \phi 19.97$ mm,其对基准 A 的垂直度误差为 $\phi 0.04$ mm,该轴的尺寸和垂直度是否合格? 为什么?

(4)此轴的垂直度误差最大允许值是多少?

四、标注与改错题(20 分)

1.试将以下有关技术要求标注在图 3-2-2 上。

(1)两孔对其公共轴线的同轴度公差为 0.01 mm。

(2)两孔的圆度公差为 0.005 mm。

(3)两孔的表面粗糙度为 $Ra1.2\ \mu m$,底平面的表面粗糙度 Ra 为 $1.2\ \mu m$。

(4)两孔公共轴线对底平面的平行度公差为 0.02 mm。

(5)底平面的平面度公差为 0.01 mm。

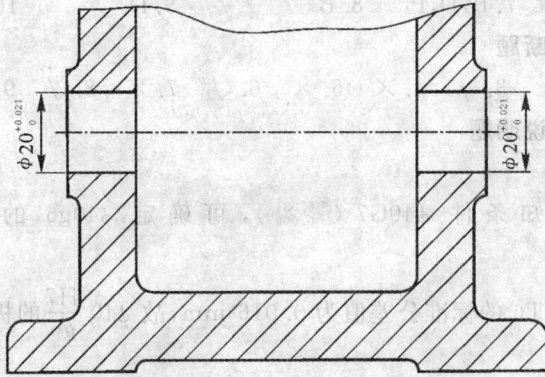

图　3-2-2

2.改正图 3-2-3 中的错误标注(几何公差项目不得更改!)

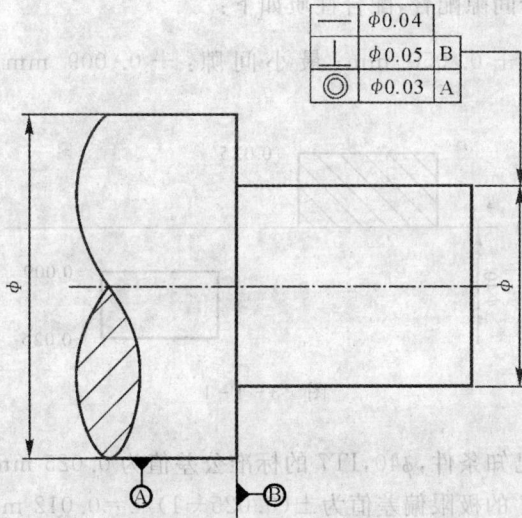

图　3-2-3

模拟试题 Ⅱ 参考答案

一、选择题

1. C　　　　2. B　　　　3. B,D　　　　4. A　　　　5. A,C

6. A,B,E   7. B,D,F   8. B   9. D   10. B,C

二、是非判断题

1. √   2. √   3. √   4. ×   5. ×   6. √   7. ×   8. √   9. √   10. ×

三、计算与说明题

1. 解

（1）由已知条件 $\phi40G7\left(^{+0.034}_{+0.009}\right)$，可确定 $\phi40g6$ 的基本偏差为 -0.009 mm。

因为 $\phi40$，IT6 的标准公差值为 0.016 mm，故 $\phi40\dfrac{H7}{g6}$ 的极限偏差为 $\phi40$

$\dfrac{H7\left(^{+0.025}_{0}\right)}{g6\left(^{-0.009}_{-0.025}\right)}$。

$\phi40\dfrac{H7}{g6}$ 尺寸公差带图如图 3-4-1 所示。

$\phi40\dfrac{H7}{g6}$ 属于间隙配合，配合性质如下：

最大间隙：$+0.050$ mm；最小间隙：$+0.009$ mm。配合公差为 0.041 mm。

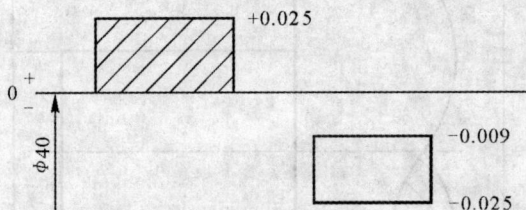

图 3-4-1

（2）**解**　由已知条件，$\phi40$，IT7 的标准公差值为 0.025 mm。

因为 $\phi40JS7$ 的极限偏差值为 $\pm(0.025-1)/2=0.012$ mm，

所以 $\phi40\dfrac{JS7}{h6}$ 的极限偏差为 $\phi40\dfrac{JS7(\pm0.012)}{h6\left(^{0}_{-0.016}\right)}$。

$\phi40\dfrac{JS7}{h6}$ 的尺寸公差带图如图 3-4-2。

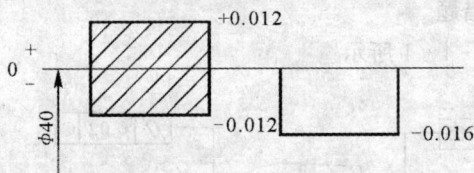

图 3-4-2

(3)**解** 由已知条件,$\phi40r6$ 的基本偏差值为 $+0.034$ mm,所以 $\phi40R7$ 的基本偏差值为

$$-0.034+|0.025-0.016|=-0.025 \text{ mm}$$

即 $\phi40\dfrac{R7}{h6}$ 的极限偏差为 $\phi40\dfrac{R7\binom{-0.025}{-0.050}}{h6\binom{0}{-0.016}}$。

$\phi40\dfrac{R7}{h6}$ 的尺寸公差带图如图 3-4-3 所示。

$\phi40\dfrac{R7}{h6}$ 属于过盈配合,配合性质如下:

最大过盈为 -0.050 mm;最小过盈为 -0.009 mm。配合公差为 0.041 mm。

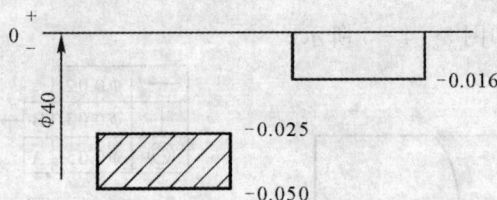

图 3-4-3

2.**解** (1)遵循最大实体要求(相关原则)。

(2)有理想边界要求,遵守的理想边界是最大实体实效边界,边界尺寸为

$$\phi20+\phi0.02=\phi20.02 \text{ mm}$$

(3)此时,该轴的尺寸合格,因为实际尺寸在最大极限尺寸与最小极限尺寸之间。

垂直度合格。因为该轴允许的垂直度误差值为

$$\phi0.02+\phi0.05=\phi0.07 \text{ mm}$$

(4)此轴的垂直度误差最大允许值为 $\phi0.02+\phi0.05=\phi0.07$ mm。

四、标注与改错题

1.答 如图 3-4-4 所示。

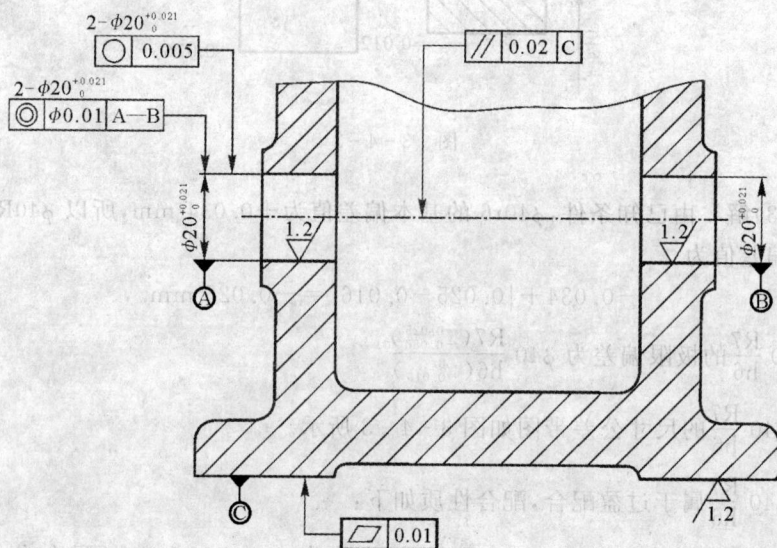

图 3-4-4

2.答 如图 3-4-5 所示。

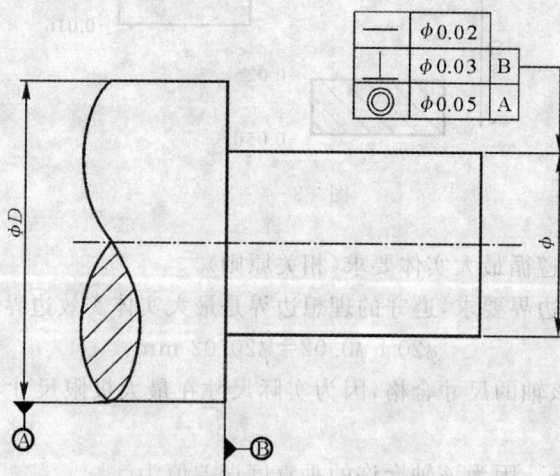

图 3-4-5

参 考 文 献

[1] 刘笃喜.机械精度设计与检测.西安:西北工业大学出版社,2012.

[2] 王玉.机械精度设计与检测技术.北京:国防工业出版社,2005.

[3] 甘永立.几何量公差与检测习题试题集.6 版.上海:上海科技出版社,2010.

[4] 考试与命题研究组.互换性与技术测量习题与学习指导.北京:北京理工大学出版社,2009.

[5] 范真.几何量公差与检测学习指导.北京:化学工业出版社,2006.

[6] 陈于萍、周兆元.互换性与测量技术基础.2 版.北京:机械工业出版社,2006.

[7] 张林娜.精度设计与质量控制基础.2 版.中国计量出版社,2006.

[8] 付凤岚,丁国平,刘宁.公差与检测技术实践教程.北京:科学出版社,2006.

[9] 陈晓华.机械精度设计与检测.北京:中国计量出版社,2006.

参考文献